高等学校规划教材·电子、通信与自动控制技术

电路基础实验

（第2版）

胡君良　编著

西北工业大学出版社

【内容提要】 本书是电路基础和电路分析基础课程的配套实验指导书。实验内容是根据课程的理论内容结合实验室实际条件设计,并按照课程进程先后次序编写的,同时也经过了实验室的多年实践验证。实验一到实验十五是理论验证性实验,实验十六和实验十七是让学生自主发挥的综合性实验,实验十八和附录是让学生掌握常用电子仪器的实验和辅助内容。

本书可作为大学本科、专科电类专业电路基础和电路分析基础课程的实验指导书,同时可供电子技术爱好者参考。

图书在版编目(CIP)数据

电路基础实验/胡君良编著 . —2 版 . —西安:西北工业大学出版社,2016.1
ISBN 978 - 7 - 5612 - 4692 - 4

Ⅰ.①电… Ⅱ.①胡… Ⅲ.①电路—实验—高等学校—教材 Ⅳ.①TM13 - 33

中国版本图书馆 CIP 数据核字(2016)第 007322 号

出版发行:西北工业大学出版社
通信地址:西安市友谊西路 127 号 邮编:710072
电 话:(029)88493844 88491757
网 址:www.nwpup.com
印 刷 者:陕西丰源印务有限公司
开 本:787 mm×1 092 mm 1/16
印 张:13
字 数:312 千字
版 次:2016 年 1 月第 2 版 2016 年 1 月第 1 次印刷
定 价:30.00 元

第 2 版前言

《电路基础实验》自 2010 年 7 月出版以来,已 5 年有余,期间印刷了 4 次,印量万余册,经过了实践的检验,受到了广大使用者的好评。2015 年 6 月,本书被评为陕西省优秀教材。

本次再版基于以下原因:①在这几年里,实验室实验条件有所变化。比如新进了一些实验仪器设备,新进了多套实验箱。为了适应新条件,原书中的相关内容必须修改。②为了适应教学改革的要求,对原书中的一些内容进行了修订与完善。③经过 5 年的教学实践,对书中的部分文字、图表以及内容发现了一些错误,必须修改完善。

本次再版主要做了以下几方面工作:

(1)对实验八进行了重新编写。原题目为"RLC 串联谐振",现在改为"RLC 谐振实验"。从内容上讲,原来只包含 RLC 串联谐振,现在 RLC 串、并联谐振都有。另外结合实践,对如何做好实验以及做实验过程中应该注意哪些问题进行了仔细、深刻的描述。

(2)对实验十六"黑箱子的测定"进行了重新编写。原因是我们重新做了黑箱子,对黑箱子内部结构以及元件参数重新进行了设计,同时对如何测试黑箱子有了新的要求。最值得关注的是,对本实验中遇到的下列问题做了深刻描述:①黑箱子的介绍以及实验安排;②如何写黑箱子测试设计方案报告;③如何写黑箱子测试总结报告;④测试黑箱子实验应该注意哪些问题等。

(3)大部分实验均新加了"焦点"这一项内容。这一内容主要写的是,上课老师上课时必须给学生讲解的内容和学生通过本实验应该学习和掌握的内容,做每一个实验应该注意的事项。这样对实验老师和学生均提出了新的要求。

(4)根据新的实验仪器仪表以及其他新的实验器材,对原书中的相关图表、相关内容进行了修改与完善。

本书在修改完善以及申请陕西省优秀教材的过程中,承蒙李立欣教授、周德云教授的大力支持与帮助,在此表示感谢!

由于笔者水平有限,书中难免存在不妥之处,诚请广大读者指正。

编　者
2015 年 10 月

第 1 版前言

本书是为高等工科院校电路基础和电路分析基础课程编写的实验指导书。它是根据教育部颁发的高等工科院校电路课程基本教学要求和教学大纲,在总结长期实验教学经验的基础上,结合实验室实际条件,经过几批实验指导教师努力,不断积累、修改和完善而成的。

本书包括 18 个实验和 2 个附录。电路基础和电路分析基础课程可根据各专业实验学时的不同选做实验。附录的编写是为了使学生了解和掌握常用电子仪器仪表的基本原理和使用,了解电气测量的一些基本知识,学习和掌握实验数据的测量和处理方法,以便提高实验教学效果。

本书在编写过程中,承蒙宋燕妮教授、王淑敏教授、段哲民教授、严乐怡教授等的大力支持与帮助,在此表示感谢!

由于编者水平所限,书中不妥之处在所难免,诚请广大读者指正。

编　者
2010 年 7 月

目　　录

实验一　电路元件特性的伏安测量法

一、实验目的

(1)掌握直流电压源和直流电流源的伏安特性测量法。

(2)掌握电阻元件和其他非线性元器件的伏安特性测量法。

二、实验原理

实际直流电源和电阻元件的伏安特性可以用直流电压表和直流电流表来测定。此方法称为伏安测量法。

1. 实际直流电压源的伏安特性测量法

一个实际的直流电压源可以用一个理想的电压源 u_s 和一个内阻 R_s 的串联组合来作为其电路模型,如图 1-1(a) 所示。其特性曲线如图 1-1(b) 所示,称为直流电压源的伏安特性。其中 u_{oc} 为直流电压源不带负载时的开路电压,在数值上等于理想电压源的电压值 u_s,即 $u_{oc} = u_s$。

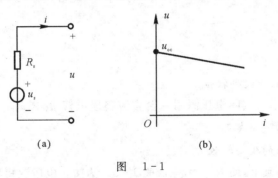

图　1-1

2. 实际直流电流源的伏安特性测量法

一个实际的直流电流源可以用一个理想电流源 i_s 和一个内阻 R_s 的并联组合来作为其电路模型,如图 1-2(a) 所示。其特性曲线如图 1-2(b) 所示,称为直流电流源的伏安特性。其中 i_{sc} 为直流电流源不带负载时的短路电流,在数值上等于理想电流源的电流值 i_s,即 $i_{sc} = i_s$。

3. 电阻元件的伏安特性测量法

电阻元件的伏安特性可以用该元件两端的电压 u 与流过元件的电流 i 的关系来表征。在 $u-i$ 坐标平面上,线性电阻的特性为一条通过原点的直线。

对于非线性电阻元件,一般分为以下三种类型:

(1)若元件的端电压是流过该元件电流的单值函数,则称为电流控制型电阻元件,其特性曲线如图 1-3 所示。

(2)若流过元件的电流是该元件端电压的单值函数,则称为电压控制型电阻元件,其特性曲线如图 1-4 所示。

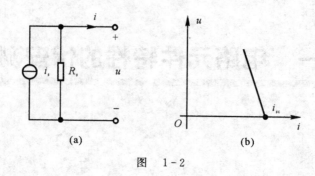

图 1-2

（3）若元件的伏安特性曲线是单调增加或减少的,则该元件既是电流控制型又是电压控制型的电阻元件,特性曲线如图1-5所示。

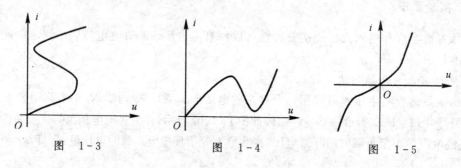

图 1-3　　　　　　图 1-4　　　　　　图 1-5

三、实验内容

1. 测定实际电压源的伏安特性

电路如图1-6所示。实际电压源用一台直流稳压电源 u_s 串联一个电阻 R_s 来模拟。取 $u_s = 10$ V, $R_s = 200$ Ω,完成表1-2。

2. 测定理想电压源的伏安特性

在1实验条件的基础上,使 $R_s = 0$,完成表1-3。为防止电压源短路,可在 R_L 支路串联一电阻 $R = 100$ Ω。

3. 测定实际电流源的伏安特性

电路如图1-7所示。实际电流源用一台直流稳流电源(恒流源) i_s 并联一个电阻 R_s 来模拟。取 $i_s = 50$ mA, $R_s = 200$ Ω,完成表1-4。

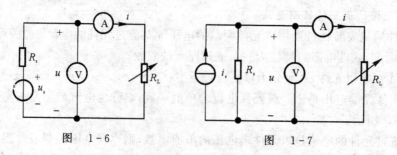

图 1-6　　　　　　　　图 1-7

4.测定理想电流源的伏安特性

在 3 实验条件的基础上,使 $R_s = \infty$,完成表 1-5。

5.测定非线性元件的伏安特性

电路如图 1-8 所示。所选非线性元件为电压控制型。调节电压源的输出电压,逐一记录相应的数据完成表 1-6。为使特性曲线测得准确,先从低到高选一组电压数值初测一次,绘出曲线草图。然后根据曲线形状合理选取电压值再进行测量。曲线曲率大的地方,相邻电压数值要选得靠近一些;曲率小的地方,可选得疏一些。R 的取值为 100 Ω ～ 5 kΩ,根据所选元件定。

可选择的元件有:

(1)普通二极管;

(2)稳压二极管;

(3)隧道二极管;

(4)单结管;

(5)晶闸管;

(6)保险电阻;

(7)压敏电阻等。

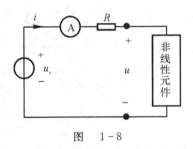

图　1-8

四、焦点

(1)直流电压表的使用。

(2)直流电流表的使用。

(3)如何做元件的伏安特性测量。

(4)直流电压源的使用及注意事项。直流电压源不能短路。

(5)直流电流源的使用及注意事项。

(6)在给电阻元件以及其它非线性元件做伏安特性测试时,为了不使电压源短路,通常给负载串联一个限流电阻 R,见图 1-8。

五、思考题

用伏安表法测量电阻元件的伏安特性的电路模型如图 1-9(a)所示,由于电流表内阻不为零,电压表的读数除了包括负载两端的电压,还包括了电流表两端的电压,给测量结果带来了误差,为了使被测元件的伏安特性更准确,设电流表的内阻已知,如何用作图的方法对测得的伏安特性曲线进行校正？若将实验电路换为如图 1-9(b)所示,电流表的读数除了包括负载电流还包括了电压表支路的电流,给测量结果带来误差。设电压表的内阻已知,对测得的伏安特性又如何进行校正？

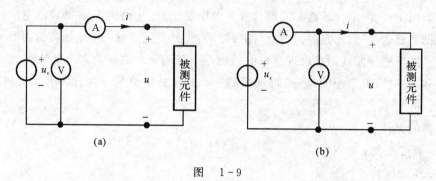

图　1-9

六、实验设备(见表 1-1)

表　1-1

名　称	规　格	数　量
直流稳压电源	0～20 V	1 台
直流电流电源	0～300 mA	1 台
直流电压表	0～30 V	1 只
直流电流表	0～300 mA	1 只
非线性元件板	自制	1 块
电阻箱	0～9 999 Ω	2 只

七、实验报告内容

(1)填写实验内容 1 实验数据表 1-2。

表 1-2　实际电压源测试数据

R_L/Ω	100	200	240	470	510	1 000
u/V						
i/mA						

(2)填写实验内容 2 实验数据表 1-3。

表 1-3　理想电压源测试数据

R_L/Ω	100+0	100+100	100+200	100+240	100+470	100+510
u/V						
i/mA						

（3）填空实验内容 3 实验数据表 1-4。

表 1-4 实际电流源测试数据

R_L/Ω	100	200	240	470	510	1 000
u/V						
i/mA						

（4）填空实验内容 4 实验数据表 1-5。

表 1-5 理想电流源测试数据

R_L/Ω	51	100	150	200	240	470
u/V						
i/mA						

（5）当 $u_s = 10\ V$ 时，填写实验内容 5 实验数据表 1-6。

表 1-6 非线性元件测试数据

	1	2	3	4	5	6
$-u/V$						
i/mA						
	7	8	9	10	11	12
u/V						
i/mA						

（6）根据测量数据，在坐标纸上绘出各伏安特性曲线，并由特性曲线求出各种情况下实际电源的内阻值，与给定的内阻值比较，分析引起误差的主要原因。

实验二　叠加定理、齐次定理和互易定理

一、实验目的

(1)深入理解叠加定理、齐次定理、互易定理的内容和适用范围。

(2)进一步学习掌握直流电表、直流稳压电源、直流电流源的使用。

二、实验原理

1.叠加定理

线性电路中所有独立电源同时作用时在任一个支路中所产生的响应电流或电压,等于各个独立电源单独作用时在该支路产生的响应电流或电压的代数和。当一个独立电源单独作用时,其他的独立电源应为零值。即在实践中独立电压源不接,用短路线代替,独立电流源用开路代替。因为功率是电流或电压的二次函数,所以叠加定理不适合用于电路的功率计算。

2.齐次定理

在线性电路中,当全部激励(独立电压源和独立电流源)同时增大 k(k 为任意常数)倍时,其响应也相应增大 k 倍。

3.互易定理

(1) 对一个仅含线性电阻的电路,在单一激励的情况下,当激励和响应互换位置时,将不改变同一激励所产生的响应。

如图 2-1 所示电路。P 为一线性四端网络。当一电压源 u_{s1} 作用于 1—1' 的支路时,在 2—2' 支路引起的短路电流 i_2(见图 2-1(a)),等于同一电压源 u_{s2} 作用于 2—2' 的支路时,在 1—1' 的支路引起的短路电流 $\hat{i}_1$(见图 2-1(b)),于是有

$$u_{s1} = u_{s2}, \quad i_2 = \hat{i}_1$$

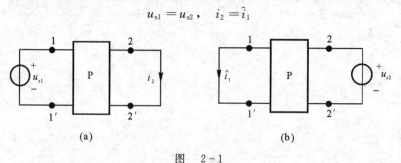

| (a) | (b) |

图　2-1

(2)当一电流源 i_{s1} 作用于互易网络 1—1' 支路时,在 2—2' 的支路上引起的开路电压 u_2(见图 2-2(a)),等于同一电流 i_{s2} 作用于 2—2' 支路时在 1—1' 的支路上引起的开路电压 $\hat{u}_1$(见图 2-2(b)),于是有

$$i_{s1} = i_{s2}, \quad u_2 = \hat{u}_1$$

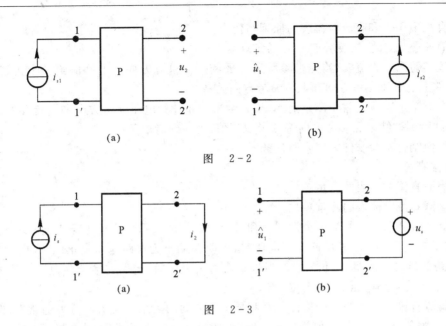

图　2-2

图　2-3

（3）设一电流源 i_s 作用于互易网络 1—1′ 支路时在 2—2′ 的支路上引起的短路电流 i_2（见图 2-3(a)），若在 2—2′ 端加一电压源 u_s，在 1—1′ 端的开路电压为 $\hat{u}_1$，则有 $i_s/u_s = i_2/\hat{u}_1$。当数值上取 $u_s = i_s$ 时，则在数值上有 $i_2 = \hat{u}_1$。同理，如在 1—1′ 端加一电压源 u_s 而在 2—2′ 端引起一开路电压 u_2，与在 2—2′ 的支路加一电流源 i_s 时，在 1—1′ 的支路引起的短路电流 i_1 有与上述相同的结果。

三、实验内容

1. 验证叠加定理
电路如图 2-4 所示。完成表 2-2（做实验前请先仔细看看"注意事项"）。

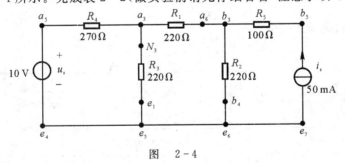

图　2-4

2. 验证齐次定理
电路如图 2-4 所示，将数据记录于表 2-3。
3. 验证互易定理的三种形式
电路如图 2-4 所示，自拟数据表格。

四、焦点

1. 必备知识
（1）直流电压源和直流电流源的原理与使用。

（2）直流电压表和直流电流表的原理与使用。

（3）简述叠加定理、齐次定理和互易定理。

（4）该实验属于直流实验，测量参数是矢量，有大小，有方向。老师应给学生讲解直流电路中各元件上的电压参考方向和电流参考方向的概念。

（5）在对某个直流电路做测量前，必须先给每个元件标电压参考方向和电流参考方向，然后再做测试。测试结果和参考方向一致者取正值，不一致者取负值。

（6）如何结合实验条件完成实验任务？

2．注意事项

（1）搞清直流电压表的测量单位。

（2）搞清直流电流表的测量单位。

（3）搞清直流电压表的端子极性及其和显示值之间的关系。直流电压表通常左端子为正（+），右端子为负（-）。当显示值为正电压时，说明左端子为电路电压真正的"高电位"端，右端子为电路电压真正的"低电位"端。当显示值为负电压时，说明左端子为电路电压的"低电位"端，右端子为电路电压的"高电位"端。

（4）搞清直流电流表的端子极性及其和显示值之间的关系。直流电流表通常左端子为正（+），右端子为负（-）。当显示值为正电流时，说明电流从左端子流入，从右端子流出。当显示值为负电流时，说明电流从右端子流入，从左端子流出。

（5）由于直流电压和直流电流是矢量，既有大小，又有方向，所以，在做实验前，首先应该给电路中的每一个电阻标识参考电压极性和参考电流极性。这样，测出的数值才有正负之分。

（6）实验过程中，直流稳压电源不能短路，直流稳流电源（恒流源）不能开路，以免损坏电源设备。

五、思考题

（1）线性电路的三个基本性质是什么？互易定理的适用范围是什么？

（2）用图 2-4 电路能否验证替代定理？验证时应注意什么问题？

六、实验设备（见表 2-1）

表　2-1

名　称	规　格	数　量
直流电压表	0～30 V	1只
直流电流表	0～300 mA	1只
实验电路板	自制	1个
直流稳压电源	0～30 V	1台
直流稳流电源	0～300 mA	1台
双刀双掷开关	自制	2个
香蕉插头	自制	3副

七、实验报告内容

(1) 填写实验内容 1 实验数据表 2-2(其中:电压单位为 V,电流单位为 mA)。

表　2-2

	$u_s = 10$ V					$i_s = 50$ mA				
	I_{R1}	I_{R2}	I_{R3}	I_{R4}	I_{R5}	I_{R1}	I_{R2}	I_{R3}	I_{R4}	I_{R5}
u_s 单独作用										
i_s 单独作用										
u_s 和 i_s 作用后的代数和										
u_s 和 i_s 同时作用										

注:I_{R2} 和 I_{R4} 由计算获得。

(2) 填写实验内容 2 实验数据表 2-3(其中:电压单位为 V,电流单位为 mA)。

表　2-3

u_s	I_1	I_2	I_3	U_{R1}	U_{R2}	U_{R3}	U_{R4}	U_{R5}
5								
10								
15								
20								

(3) 选择几组实验数据对叠加定理和齐次定理进行验证。

实验三　电压源与电流源等效变换和等效电源定理

一、实验目的

(1)加深对电源等效变换概念的理解。

(2)验证等效电源定理。

(3)学会用实验的方法求等效电压源的电压与内阻、等效电流源的电流与内阻。

(4)学会用伏安特性测量法来描述和判断一个电源的性能优劣。

二、实验原理

1. 电源等效变换

实际电压源与实际电流源之间才可以相互等效变换。如图 3-1 所示。

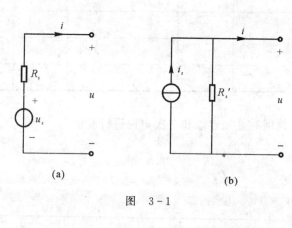

(a)　　　　　　　　　　　　(b)

图　3-1

条件：$\qquad i_s = u_s / R_s \qquad$ 或 $\qquad u_s = i_s R_s'$

$\qquad\qquad\qquad R_s' = R_s \qquad$ 或 $\qquad R_s = R_s'$

电源的等效变换仅对外电路有效。

注意：

(1)电源的变换不影响它的带负载能力。

(2)理想电压源与理想电流源之间不能相互等效变换。

2. 等效电源原理

(1)等效电源定理描述。

从一个线性含源网络中选两个节点 a 和 b,如图 3-2(a)所示。若进一步在这两个节点之间带负载的话,那么这个线性含源网络可以看成是或等效为一个电源。这就是等效电源定理。如果等效成一个电压源,就称为戴维南等效,其等效参数称为戴维南等效参数,如图3-2(b)所示。如果等效成一个电流源就称为诺顿等效,其等效参数称为诺顿等效参数,如图

3-2(c)所示。

（2）戴维南定理描述。

一个线性含源单口网络，在保持外特性完全相同的条件下，可用一个电压源等效代替，如图 3-2(b)所示。此电压源的电压等于该线性有源单口网络的开路电压 u_{oc}，其内阻 R_s 等于该网络内部所有独立电源为零值时（电压源用短路线代替，电流源开路）所得无源单口网络的输出电阻。这就是等效电压源定理，也称戴维南定理。戴维南等效参数为 R_s 和 u_{oc}。

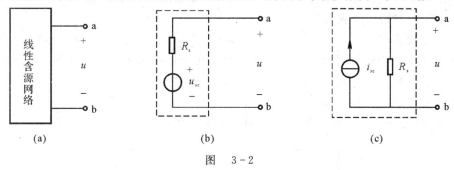

图 3-2

（3）诺顿定理描述。

一个线性含源单口网络，在保持外特性完全相同的条件下，也可用一个电流源等效代替，如图 3-2(c)所示。此电流源的电流等于该线性有源单口网路的短路电流 i_{sc}，其内阻 R_s 等于该网络内部所有独立电源为零值时（电压源用短路线代替，电流源开路）所得无源单口网络的输出电阻。这就是等效电流源定理，也称诺顿定理。诺顿等效参数为 R_s 和 i_{sc}。

（4）等效电源的内阻 R_s 的实验测定法。

1）开路、短路法：测量线性含源单口网络的开路电压 u_{oc}，短路电流 i_{sc}，则有

$$R_s = u_{oc}/i_{sc}$$

2）外加电源法：将线性有源单口网络内所有独立电源置零（同前），在该网络的端口处外加一个电压 u_s，测量端口的电流为 i，则有

$$R_s = u_s/i$$

3）半偏法：如图 3-3 所示。调节电阻 R_L，若电流表读数为 R_L 等于零时读数的一半，则电阻 R_L 的数值为所求的内电阻 R_s。实际电流 i_s 测定原理如图 3-3(a)所示。实际电压源 R_s 测定原理如图 3-3(b)所示，做法相同。

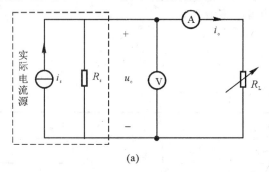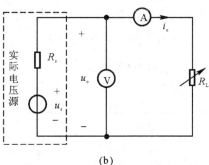

图 3-3

三、实验内容

1. 电源等效变换

(1) 测定实际电流源伏安特性,电路如图 3-3(a) 所示。$i_s = 50$ mA,$R_s = 200$ Ω,完成表 3-2。

(2) 在实验(1)的条件基础上,将实际电流源等效变换为一实际电压源,电路如图 3-3(b) 所示,测定其伏安特性,完成表 3-3。

2. 等效电源定理

(1) 测定线性有源单口网络的伏安特性,电路如图 3-4 所示。求出戴维南等效电路和诺顿等效电路的参数 u_{oc},R_s 和 i_{sc},R_s。

(2) 直接在图 3-4 中的 b_5,e_7 端带负载,测定其伏安特性,完成表 3-4。

(3) 由(1)中所得参数构成戴维南等效电路,测其伏安特性,完成表 3-5。

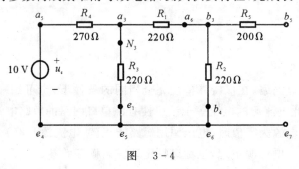

图 3-4

四、焦点

1. 必备知识

(1) 理想电源之间不能相互等效。

(2) 实际电源之间的等效原理。

(3) 衡量一个电源性能好坏的依据是什么?

(4) 如何给一个电源做伏安特性测量,有哪些注意事项?

(5) 如何结合实验室的条件完成实验任务?

2. 思考题

(1) 求内电阻 R_s 时,实验中如何使独立电源为零值?

(2) 说明半偏法求 R_s 的原理。

五、实验设备(见表 3-1)

表 3-1

名　称	规　格	数　量
直流电压表	0 ~ 30 V	1只
直流毫安表	0 ~ 30 mA	1只
电阻箱	0 ~ 9 999 Ω	2个

续 表

名　称	规　格	数　量
实验箱	自制	1 台
直流稳压电源	$0 \sim 30\ V$	1 台
直流恒流源	$0 \sim 300\ mA$	1 台
万用表	MF47 型	1 只

六、实验报告内容

（1）填写实验数据表 $3-2 \sim$ 表 $3-5$。

表　3-2

R_L/Ω					
u_o/V					
i_o/mA					

表　3-3

R_L/Ω					
u_o/V					
i_o/mA					

表　3-4

R_L/Ω					
u_{ab}/V					
i_o/mA					

表　3-5

R_L/Ω					
u_o/V					
i_o/mA					

（2）求解戴维南等效电路和诺顿等效电路的参数 u_{oc}，R_s 和 i_{sc}，R_s。

（3）根据表 $3-2 \sim$ 表 $3-5$ 的数据作出 u-i 伏安特性曲线，并作对比分析。

实验四 电感线圈参数的测定

一、实验目的

(1) 学会使用交流电压表、交流电流表、低功率因数功率表和调压变压器。
(2) 学会用三表法测定电感线圈的参数 L 和 R。

二、实验原理

一个实际的电感线圈如图 4−1(a) 所示,可以等效为如图 4−1(b) 所示的一个纯阻 R 和一个理想电感 L 的串联。若这个实际电感线圈的阻抗用 Z 来表示的话,根据正弦稳态电路理论有

$$Z = R + jX_L = R + j\omega L = |Z| \angle \varphi$$

式中,X_L 称为电感线圈的感抗;$|Z| = \sqrt{R^2 + X^2}$ 称为阻抗 Z 的模;$\varphi = \arctan \dfrac{X_L}{R}$ 称为阻抗 Z 的幅角或相角,通常在 $0° \sim 90°$ 之间变化,最常见的是在 $50° \sim 80°$ 之间变化。

阻抗 Z 是一个复向量,它是电阻和电感感抗的合成向量,如图 4−1(c) 所示。

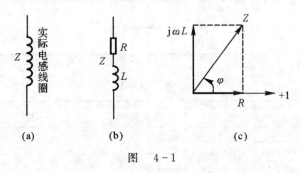

图 4−1

当一个实际的电感线圈接入如图 4−2 所示的交流正弦电路时,有

$$|Z| = U/I$$

又

$$Z = R + jX_L = |Z| \angle \varphi = \frac{U}{I} \angle \varphi$$

即电路中电压和电流之间的相角就是阻抗 Z 的相角。

在电抗性正弦交流电路中,负载从电源获得的功率为

$$P = UI \cos \varphi$$

式中,P 为电感线圈消耗的有功功率,单位为瓦[特](W);φ 为电压 U 与电流 I 之间的相位差;$\cos \varphi$ 称为功率因数。

于是有

$$\varphi = \arccos \frac{P}{UI}$$

只要用电压表、电流表、功率表将电路中的电压 U、电流 I、功率 P 测量出来,可求出 φ。进一步有

$$R = |Z| \cos\varphi = \frac{U}{I} \cos\varphi$$

$$X_L = \omega L = |Z| \sin\varphi = \frac{U}{I} \sin\varphi$$

若市电频率 f 取 50 Hz(工业频率),则

$$L = \frac{|Z| \sin\varphi}{2\pi f} = \frac{U \sin\varphi}{2\pi f I}$$

这样就把电感线圈参数 L 和 R 求出来了。

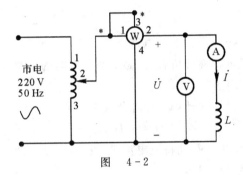

图　4 - 2

三、实验内容

将调压器电压调节旋钮逆时针调到头,然后,按图 4 - 3 连接实验电路。接通电源后,调节调压器电压调整旋钮,使调压器输出电压从零开始慢慢升高,在电流表读数为 1 A 时,记录以下四种情况的测量数据,结果填入表 4 - 2。

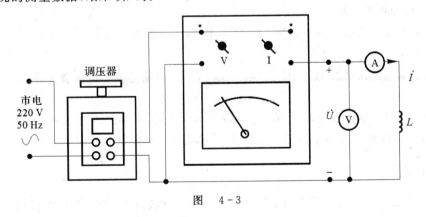

图　4 - 3

(1) 第一个电感线圈接入电路,如图 4 - 3 所示。

(2) 第二个电感线圈接入电路,如图 4 - 3 所示。

(3) 两个电感线圈串联接入电路,如图 4 - 4 所示。

（4）两个电感线圈并联接入电路，如图 4-5 所示。

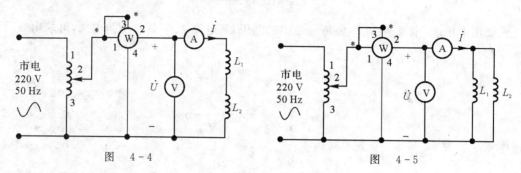

图 4-4   图 4-5

四、焦点

1. 必备知识

（1）实际电感线圈的制作以及其等效电路。

（2）实际电感线圈的阻抗特性分析，以及做交流负载时的功率计算与其特点。

（3）交流调压器的使用以及注意事项。

（4）瓦特表的使用以及量程的计算。计算公式为

$$P = UI\cos\varphi$$

当瓦特表电压表量程选 300 V，瓦特表电流表量程选 2.5 A 时，已知瓦特表的 $\cos\varphi = 0.2$，代进公式得瓦特表的量程为 150 W。

（5）交流电流表和交流电压表的使用。

（6）实验室强电供电情况。

（7）如何结合实验室条件完成实验任务？

（8）在本实验中要求 L_1 与 L_2 的无磁耦合，因此做实验时，L_1 与 L_2 之间拉开距离或 L_1 与 L_2 的轴心垂直放置。

2. 强电实验操作规程

（1）本实验使用的电源是 220 V，50 Hz 市电，触电会威胁生命安全，应把安全操作放在第一位。

（2）强电基本操作规程为：关电接线，开电测试。只有这样，实验者才不会有被电打的危险。

（3）如果要判断电路接线的通、断，非得带电操作的话，可用交流电压表一端接"零线"，用另一表笔测量电路的电压，根据电压有无，判断、排除接线故障。

五、注意事项

（1）连接电路前，先把调压器的电压调节旋钮逆时针转到头，使得调压器输出电压为零。然后，在关电的情况下，连接电路。当确认电路连接无误时，打开电源，将调压器的电压调节旋钮顺时针慢慢旋转，输出电压慢慢升高，开始做实验。做完实验，再将调压器的电压调节旋钮逆时针转到头，使得调压器输出电压为零。最后关电，电路拆线。

（2）为了避免互感的影响，作电感线圈串、并联时，使两个线圈远离或轴线互相垂直。

六、实验设备(见表 4 - 1)

表 4 - 1

名 称	规 格	数 量
电感线圈	自制	2 个
交流电压表	75/150/300 V	1 只
交流电流表	0.25/0.5/1 A	1 只
功率表	75/150/300 V 2.5/5 A	1 只
调压器	输出 0 ~ 250 V	1 台

七、实验报告内容

(1) 填写实验数据表 4 - 2。

表 4 - 2

	1	2	3	4
	第一线圈 接入电路	第二线圈 接入电路	两个线圈串联 接入电路	两个线圈并联 接入电路
U/V				
I/A				
P/W				
$\mid Z \mid /\Omega$				
R/Ω				
X_L/Ω				
L/H				
$\cos\varphi$				
φ				

(2) 对实验数据进行分析处理,用实验结果写出以上四种情况的电感阻抗表示式:

$$Z_1 = R_1 + j\omega L_1 = \mid Z_1 \mid \angle\varphi_1, \qquad Z_2 = R_2 + j\omega L_2 = \mid Z_2 \mid \angle\varphi_2$$

$$Z_3 = R_3 + j\omega L_3 = \mid Z_3 \mid \angle\varphi_3, \qquad Z_4 = R_4 + j\omega L_4 = \mid Z_4 \mid \angle\varphi_4$$

(3) 绘出以上四种情况的阻抗三角形。

实验五　测定同名端与互感系数 *M*

一、实验目的

(1) 掌握测定同名端的方法。

(2) 掌握测定互感系数 *M* 的方法。

二、实验原理

1. 干电池-微安表法测定同名端

一个脉冲耦合变压器初级和次级之间同名端问题,可以用初级和次级之间的电压关系来确定,也可以用初级和次级之间的电流关系来确定。

(1) 脉冲耦合变压器初级和次级之间互为同名端;

(2) 脉冲耦合变压器初级和次级之间的同名端电压同时升高、同时降低;

(3) 当电流从脉冲耦合变压器初级同名端流入时,在次级电流从同名端流出。

如图 5-1 所示,L_1 与 L_2 是两个互相靠紧的电感线圈,相当于一个脉冲耦合变压器,在开关 K 闭合的瞬间,如果直流微安表的指针正向偏转,说明 a,c 是同名端;如果直流微安表指针反向偏转,则 a,d 是同名端。

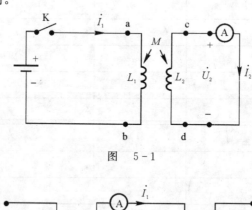

图　5-1

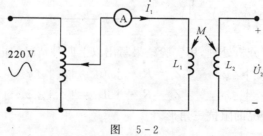

图　5-2

2. 两表法测定 *M*

电路如图 5-2 所示。第一个电感线圈中通入正弦电流 I_1,用一高内阻电压表测出第二个

线圈两端的电压 U_2，有

$$U_2 = \omega M I_1$$

$$M = \frac{U_2}{\omega I_1} = \frac{U_2}{2\pi f I_1} = \frac{U_2}{314 I_1} \quad (f \text{ 取工业电频率})$$

3. 三表法测定 M

电路如图 5-3 所示。将两个串联的电感线圈分别作顺接和反接，然后根据电流表、电压表、功率表测量的数据，计算出等值电感 L' 和 L'' 及互感系数 M。计算公式为

$$|Z| = U/I$$

$$P = I^2 R$$

$$X_L = \sqrt{|Z|^2 - R^2}$$

$$L = \frac{X_L}{\omega} = \frac{X_L}{2\pi f} = \frac{X_L}{314}$$

$$M = (L' - L'')/4$$

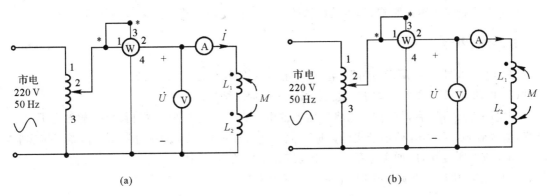

图　5-3

(a) 顺接测 L'；　(b) 反接测 L''

注意：在整个实验过程中，两个线圈必须靠紧，且相互位置不能有任何变动。

4. 谐振法测互感 M

电路如图 5-4 所示。函数发生器输出信号为正弦波。调节其频率，使电路达到谐振。记录谐振频率 f_1。将 L_2 的两端互换位置（只换接线，不动线圈），再测谐振频率 f_2。然后，根据测量结果计算互感系数 M。

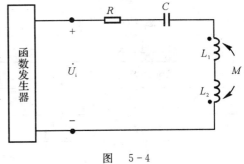

图　5-4

三、焦点

1. 必备知识

(1) 同名端的概念和互感系数 M 的测量方法。

(2) 电感线圈的串并联与互感系数 M 的计算。

(3) 如何结合实验室的条件完成实验任务？

2. 强电实验操作规程

(1) 本实验使用的电源是 220 V,50 Hz 市电,触电会威胁生命安全,应把安全操作放在第一位。

(2) 强电基本操作规程为:关电接线,开电测试。只有这样实验者才不会有被电打的危险。

(3) 如果要判断电路接线的通、断,非得带电操作的话,可用交流电压表一端接"零线",用另一表笔测量电路的电压,根据电压有无,判断、排除接线故障。

四、注意事项

(1) 连接电路前,先把调压器的电压调节旋钮逆时针转到头,使得调压器输出电压为零。然后在关电的情况下,连接电路。当确认电路连接无误时,打开电源,将调压器的电压调节旋钮顺时针慢慢旋转,输出电压慢慢升高,开始做实验。做完实验,再将调压器的电压调节旋钮逆时针转到头,使得调压器输出电压为零。最后关电,拆线。

(2) 为了避免互感的影响,作电感线圈串、并联时,使两个线圈远离或轴线互相垂直。

五、实验内容

(1) 电路如图 5-2 所示,用两表法测定互感系数,结果填入表 5-2。

(2) 电路如图 5-3 所示,用三表法测定互感系数,结果填入表 5-3

在电路连接好以后,打开电源,将调压器的电压调节旋钮顺时针慢慢旋转,输出电压慢慢升高,升高到 80 V 时,开始记录实验数据。尤其要关注的是,在做完顺接实验后,做反接实验,电压和电流有所变化,应如实记录电压和电流。最后关电,拆线。

(3) 电路如图 5-4 所示,用谐振法测定互感系数。

六、实验设备(见表 5-1)

表 5-1

名　　称	规　　格	数　　量
电感线圈	自制	2 个
交流电压表	75/150/300 V	1 只
交流电流表	0.25/0.5/1 A	1 只
功率表	75/150/300 V　2.5/5 A	1 只
调压器	输出 0～250 V	1 台
函数发生器	FO5 型	1 台
交流毫伏表	0～300 V	1 台

七、实验报告内容

(1) 填写实验数据表 5-2。

表 5-2

两表法	U_1/V		I_1/mA				M/mH		
		U/V	I/mA	P/W	$|Z|/\Omega$	R/Ω	X_L/Ω	L/mH	M/mH
三表法	顺接								
	反接								

(2) 将两表法与三表法测量及计算出的 M 值加以比较,计算并分析误差。

(3) 写出谐振法测量互感系数的计算公式,并算出互感系数。

实验六　功率因数的提高

一、实验目的

(1)调查家用和工、农业生产过程中的用电负载。
(2)研究功率因数的提高。
(3)了解提高功率因数的实际意义。

二、实验原理

1. 家用或工农业生产过程中的用电负载调查

家用电源负载有 40% 为纯阻性负载,如微波炉、电饭煲、热得快、电炉丝取暖器、电吹风、半导体取暖和制冷器、照明灯泡,等等。有 60% 为感性负载,如电冰箱、电空调、电风扇、洗衣机、电磁炉、电视机,等等。

在工农业生产过程中,80% 以上为感性负载,主要是马达;20% 以下是阻性负载,如办公用电、照明等。

2. 感性负载的用电效率分析

一个实际的电感线圈如图 6-1(a)所示,可以等效为如图 6-1(b)所示的一个纯阻 R 和一个理想电感 L 的串联。若这个实际电感线圈的阻抗用 Z 来表示的话,根据正弦稳态电路理论有

$$Z = R + jX_L = R + j\omega L = |Z| \angle \varphi$$

式中,X_L 称为电感线圈的感抗;$|Z| = \sqrt{R^2 + X_L^2}$ 称为阻抗 Z 的模;$\varphi = \arctan \dfrac{X_L}{R}$ 称为阻抗 Z 的阻抗角、幅角或相角,通常在 $0° \sim 90°$ 之间变化,最常见的是在 $50° \sim 80°$ 之间变化。如图 6-1(c)所示。

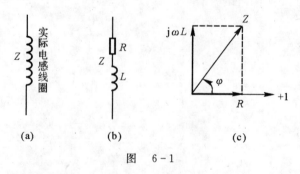

图　6-1

在电抗性正弦交流电路中,负载从电源获得的功率为

$$P = UI\cos\varphi$$

式中，P 为电感线圈消耗的有功功率，单位为 W；φ 为电压 U 与电流 I 之间的相位差；$\cos\varphi$ 称为功率因数，功率因数的大小反映了负载的用电效率高低。

功率因数说明电源在额定容量 $S_{额}$ 下向负载输送多少有功功率，要由负载的阻抗角 φ 来决定。

由于最常见的是 φ 在 $50° \sim 80°$ 之间变化，$\cos\varphi$ 在 $17\% \sim 64\%$ 之间变化，故感性负载的用电效率较低。

3. **功率因数的提高**

一个实际的电容如图 6-2(a) 所示，可以等效为如图 6-2(b) 所示的一个纯阻 R 和一个理想电容 C 的串联。若这个实际电容的阻抗用 Z 来表示的话，根据正弦稳态电路理论有

$$Z = R - jX_C = R - j\frac{1}{\omega C} = |Z|\angle\varphi$$

式中，X_C 称为电容的容抗；$|Z| = \sqrt{R^2 + X_C^2}$ 称为阻抗 Z 的模；$\varphi = -\arctan\dfrac{1}{\omega CR}$ 称为阻抗 Z 的阻抗角、幅角或相角，通常在 $0° \sim -90°$ 之间变化，最常见的是在 $-80° \sim -90°$ 之间变化，如图 6-2(c) 所示。

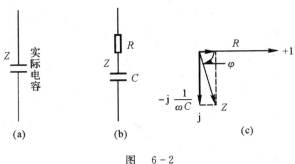

图　6-2

分析表明，容性负载产生的是负相角。这一点告诉我们，给感性负载中加入容性负载，就可以减小感性负载的正相角，从而减小负载相角，提高功率因数 $\cos\varphi$ 的值，即提高了电源负载的用电效率。

4. **从功率三角形理解功率因数的提高**

如图 6-3 所示。根据正弦稳态电路理论有

$S = UI = \sqrt{P^2 + Q^2}$　　　视在功率

$P = UI\cos\varphi$　　　有功功率

$Q = UI\sin\varphi$　　　无功功率

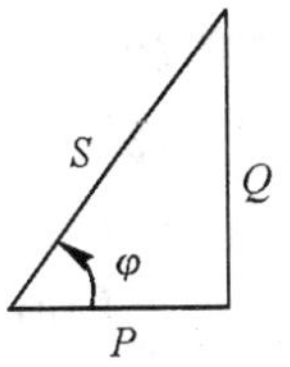

功率因数 $\cos\varphi$ 的高低反映了负载对电源利用率的高低。当负载的端电压一定时，功率因数越低，输电线路上的电流越大，电路损耗增加，输电效率越低。因此，提高功率因数具有很大的经济意义。

图　6-3

提高感性负载的功率因数，通常在负载端并联适当大小的电容器，电容的作用是它可以减少电路中的无功功率。这样，电源向负载输送的有功功率不变，输送的无功功率减少，即提高了电路的功率因数。电路的总电流减小了，发电设备的容量就可以充分利用。

5. **实验电路及原理**

实验电路如图 6-4 所示。设负载阻抗用 Z 来表示，则

$$Z = U/I$$

当开关 K_1，K_2 均打开时，只有电感作负载，此时

$$Z = R + j\omega L = |Z| \angle \varphi$$

式中，R 为电感的铜阻；φ 为感性负载引起的相移，呈正相移（见图 6-5(a)）。

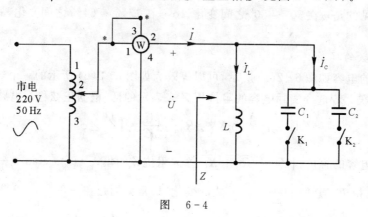

图　6-4

当电路加入电容时，产生负相移（见图 6-5(b)）。此时，正、负相移就会相减，Z 变 Z'，φ 变 φ'（见图 6-5(c)）。显然，$\varphi' < \varphi$，功率因数 $\cos\varphi$ 提高了。

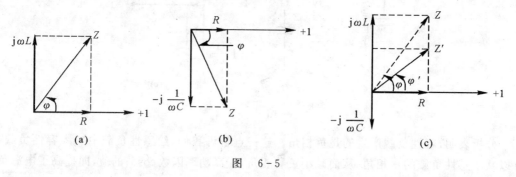

图　6-5

三、焦点

1. 必备知识

(1) 强电负载的调查；

(2) 实际电感的阻抗分析与功率计算。

(3) 感性负载加电容提高功率因数的原理以及物理含义。

(4) 瓦特表测量量程的计算方法。

(5) 如何结合实验条件完成实验任务？

2. 强电实验操作规程

(1) 本实验使用的电源是 220 V，50 Hz 市电，触电会威胁生命安全，应把安全操作放在第一位。

(2) 强电基本操作规程为：关电接线，开电测试。只有这样实验者才不会有被电打的危险。

(3) 如果要判断电路接线的通、断，非得带电操作的话，可用交流电压表一端接"零线"，用另一表笔测量电路的电压，根据电压的有无，判断、排除接线故障。

四、注意事项

(1) 连接电路前,先把调压器的电压调节旋钮逆时针转到头,使得调压器输出电压为零。然后在关电的情况下,连接电路。当确认电路连接无误时,打开电源,将调压器的电压调节旋钮顺时针慢慢旋转,输出电压慢慢升高,开始做实验。做完实验,再将调压器的电压调节旋钮逆时针转到头,使得调压器输出电压为零。最后关电,拆线。

(2) 在连接线路前,先检查电流测试盒的好、坏,然后做实验。

(3) 在连接线路时,功率表的极性不能接错。

(4) 在按照图6-6所示电路做实验时,先验证电容的好、坏与电容箱的通、断情况。做法是,分别给电感上并联两个电容,看功率因数变不变。变,说明电容及电容箱都是好的;不变,说明电容损坏或电容箱中有断路现象。

五、实验内容

按图6-6(a)所示电路接线,按图6-6(b)所示接电流测试盒。调节调压器,使得输出电压在80 V时完成实验。实验数据记录于表6-2。

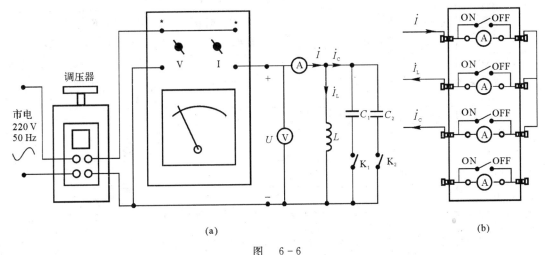

(a)

(b)

图 6-6

(a)调压器和功率表连线图;(b)电流测试盒连线图

六、实验设备(见表6-1)

表 6-1

名 称	规 格	数 量
交流电压表	75/150/300 V	1只
交流电流表	0.25/0.5/1 A	1只
功率表	75/150/300V 2.5/5 A	1只
电流测试盒	自制	1套
电感线圈	自制	2个
调压器	0～250 V	1台

七、思考题

(1) 若电感与电容并联,问电感和电容中的电流相对于并联电压的相位哪个超前哪个落后?

(2) 若电感与电容串联,问电感和电容上的电压相对于串联电流的相位哪个超前哪个落后?

(3) 为了提高感性负载的功率因数,给感性负载并联电容和串联电容,哪个好?效果一样吗?

(4) 若两个电感线圈串联构成感性负载,设计一提高功率因数实验电路。实验中应特别注意什么问题?

八、实验报告内容

(1) 填写实验数据表 6-2。

表　6-2

	1	2	3
	K_1,K_2 断开 (不并电容)	K_1 接通,K_2 断开 (并联电容 C_1)	K_1,K_2 接通 (C_1,C_2 同时并联)
U/V			
I/A			
I_C/A			
I_L/A			
P/W			
$S/(V \cdot A)$			
Q/var			
$\cos\varphi$			
φ			

(2) 定性分析并画出以上三种情况下 I,I_C,I_L 相对于 U 的向量图。

(3) 对实验数据进行分析处理,用实验结果画出以上三种情况下的功率三角形。

(4) 说明并联电容器提高感性负载功率因数的原理。

实验七　三相电路研究

一、实验目的

(1)研究三相电路中负载星形连接和负载三角形连接时,线电流和相电流、线电压和相电压的关系。

(2)了解不对称负载星形连接时中线的作用。

二、实验原理

1. 负载星形连接的三相电路

如图 7-1 所示。这种电路的线电流等于相电流,负载对称时,相电压和线电压的关系为

$$\dot{U}_{AB} = \sqrt{3}\dot{U}_{AN}\angle 30°$$

$$\dot{U}_{BC} = \sqrt{3}\dot{U}_{BN}\angle 30°$$

$$\dot{U}_{CA} = \sqrt{3}\dot{U}_{CN}\angle 30°$$

如果负载不对称,上述关系不成立(N′ 为电源中性点)。

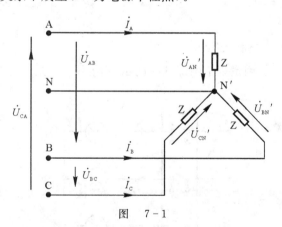

图　7-1

2. 负载三角形连接的三相电路

如图 7-2 所示。这种电路的线电压等于相电压,负载对称时,线电流和相电流的关系为

$$\dot{I}_A = \sqrt{3}\dot{I}_{AB}\angle -30°$$

$$\dot{I}_B = \sqrt{3}\dot{I}_{BC}\angle -30°$$

$$\dot{I}_C = \sqrt{3}\dot{I}_{CA}\angle -30°$$

如果负载不对称,上述关系不成立。

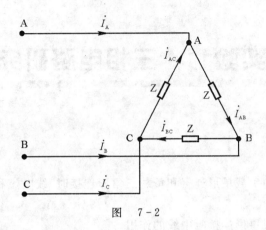

图 7-2

3. 中线的作用

当负载星形连接无中线时,如果负载不对称,负载中点 N′ 与电源中点 N 的电位就不同了。这一现象称为中性点位移。实验时可用电压表测量 $U_{NN'}$。中性点位移较大时,会造成负载端的相电压严重不对称,从而使负载的工作状态不正常。此外,如果负载变动,由于各相的工作状况互相关联,因而彼此互有影响。

中线的作用就在于使星形连接的不对称负载的相电压对称。如果中线阻抗很小,则可减小 $U_{NN'}$,从而使各相保持独立性。由于相电流的不对称,中线电流一般不为零。实验时可用电流表测量 I_N。

三、实验内容

1. 负载星形连接的三相电路

电路如图 7-3 所示。测量以下情况的线电压、相电压、线电流、相电流及 $U_{NN'}$,I_N,结果填入表 7-2。

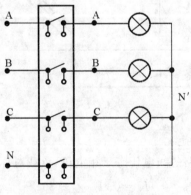

图 7-3 负载星形连接

(1) 对称负载:各相灯泡的瓦数相等。

(2) 不对称负载无中线。

(3) 不对称负载有中线。

2.负载三角形连接的三相电路。

电路如图7-4所示。测量以下情况的线电压、相电压、线电流、相电流,结果填入表7-3。

(1)对称负载。

(2)不对称负载。

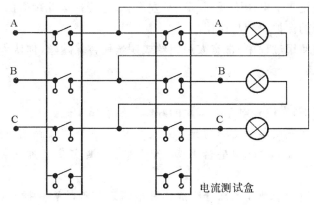

图7-4 负载三角形连接

四、焦点

1. **必备知识**

(1)发电厂发电原理与我国强电系统体制。

(2)高压传输原理。

(3)目的地变电所降压变电原理与系统体制。

(4)通常强电系统对负载有什么要求?

(5)如何通过强电负载的平衡而达到强电电压的基本平衡?有哪些措施可使强电系统的电压平衡?

(6)如何通过平衡负载与不平衡负载的电压电流测量、评价强电系统的属性?

(7)如何结合实验条件完成实验任务?

2. **强电操作规程**

(1)本实验使用的电源是220 V,50 Hz市电,触电会威胁生命安全,应把安全操作放在第一位。

(2)强电基本操作规程为:关电接线,开电测试。只有这样实验者才不会有被电打的危险。

(3)如果要判断电路接线的通、断,非得带电操作的话,可用交流电压表一端接"零线",用另一表笔测量电路的电压,根据电压有无,判断、排除接线故障。

五、思考题

(1)在发电厂三相发电机是三相三线制连接好,还是三相四线制连接好,各有哪些特点?

(2)高压电输送原理是什么?

(3)在近用户端,变电所的功能是什么,变电原理是什么?

（4）在城市，大家经常看到强电传输线上有 4～14 根线，能说清这些线的设计安排吗？

（5）强电三相电的零线可以触摸吗？

（6）如果你是一个电工，如何安排居民区的三相用电接入，以保证三相负载的使用平衡呢？

（7）居民区常碰见市电电压降低到 170 V 左右，试分析造成此现象的原因。

（8）你了解空开的保护原理与作用吗？

（9）在三相电的使用过程中，常有人用铝丝或铜丝代替保险丝，你认为对吗？

六、注意事项

（1）在连接线路前，先检查电流测试盒的好、坏，然后做实验。

（2）本实验应该在三相电平衡的情况下完成。因此，在连接线路前，先用电压表测量实验台上的三相相电压 U_{AN}，U_{BN}，U_{CN} 是否平衡，若不平衡，请实验老师来修理，或另换一个实验台。

（3）电流测试盒由四个独立的部分组成。和电流表相连的香蕉插头，决不允许跨接任意两个独立部分，以免引起短路。

七、实验设备（见表 7 - 1）

表　7 - 1

名　称	规　格	数　量
强电实验箱	自制	1 台
交流电压表	75/150/300 V	1 只
交流电流表	0.25/0.5/1 A	1 只

八、实验报告内容

（1）填写实验数据表 7 - 2。

表 7 - 2　负载星形连接电路测试数据

	三相负载对称	三相负载不对称 有中线	三相负载不对称 无中线
U_{AN}/V			
U_{BN}/V			
U_{CN}/V			
U_{AB}/V			
U_{BC}/V			
$U_{NN'}/V$			
I_A/mA			

续 表

	三相负载对称	三相负载不对称有中线	三相负载不对称无中线
U_{CA}/V			
I_B/mA			
I_C/mA			
I_N/mA			

（2）填写实验数据表 7 - 3。

表 7 - 3　负载三角形连接电路测试数据

	三相负载对称	三相负载不对称
U_{AB}/V		
U_{BC}/V		
U_{CA}/V		
I_A/mA		
I_B/mA		
I_C/mA		
I_{AB}/mA		
I_{BC}/mA		
I_{CA}/mA		

（3）验证对称负载时电压和电流的线值与相值的关系。

（4）根据实验内容 1（2）的测量结果作中性点位移图。

实验八　RLC 谐振实验

一、实验目的

(1)加深对 RLC 谐振电路基本特性的理解。

(2)掌握测定 RLC 谐振电路频率特性的方法。

二、实验原理

1. RLC 串联谐振

RLC 串联谐振电路如图 8-1 所示。电路的输入阻抗为

$$Z = |Z| e^{j\varphi} = r + jX = \sqrt{r^2 + X^2}\, e^{jarctan\frac{X}{r}} \tag{8-1}$$

式中

$$X = \omega L - \frac{1}{\omega C}, \quad \varphi = arctan\frac{X}{r}, \quad |Z| = \sqrt{r^2 + X^2}$$

当 $X = 0$ 时,电路发生了谐振。即谐振条件为

$$X = \omega L - \frac{1}{\omega C} = 0 \tag{8-2}$$

此时有

$$f_0 = \frac{1}{2\pi\sqrt{LC}} \tag{8-3}$$

式中,f_0 称为谐振角频率。如果要使电路满足谐振条件,可通过改变 L,C 或 f_0 来实现。进一步可以总结出谐振时有

$$\left. \begin{array}{c} \omega L = \dfrac{1}{\omega C} \\[2mm] |Z| = |Z|_{min} = r \\[2mm] I = I_{max} = \dfrac{U}{r} \end{array} \right\} \tag{8-4}$$

谐振时感抗容抗称为电路的特征阻抗,即

$$\rho = \omega_0 L = \frac{1}{\omega_0 C} = \sqrt{\frac{L}{C}} \tag{8-5}$$

RLC 串联谐振电路品质因数理论计算公式为

$$Q_s = \frac{\rho}{r} = \frac{\omega_0 L}{r} = \frac{1}{\omega_0 Cr} = \frac{\sqrt{\dfrac{L}{C}}}{r} \tag{8-6}$$

对图 8-1 所示电路,有

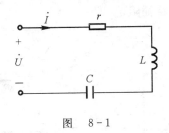

图 8-1

$$I = \frac{U}{\sqrt{r^2 + \left(\omega L - \frac{1}{\omega C}\right)^2}} = \frac{I_0}{\sqrt{1 + \left[\frac{1}{r}\left(\frac{\omega_0 \omega L}{\omega_0} - \frac{\omega_0}{\omega_0 \omega C}\right)\right]^2}} \qquad (8-7)$$

$$\frac{I}{I_0} = \frac{1}{\sqrt{1 + Q_s^2\left(\frac{\omega}{\omega_0} - \frac{\omega}{\omega C}\right)^2}} = \frac{I_0}{\sqrt{1 + Q_s^2\left(\frac{f}{f_0} - \frac{f_0}{f}\right)^2}} \qquad (8-8)$$

式(8-8)所描述的函数关系为相对电流频率特性,以此绘成的曲线称为电路的相对电流频率特性曲线。如图8-2所示。

对图8-1所示电路,还有

$$U_r = Ir = \frac{Ur}{\sqrt{r^2 + \left(\omega L - \frac{1}{\omega C}\right)^2}} = \frac{U_{r0}}{\sqrt{1 + \left(\frac{\omega_0 \omega L}{\omega_0} - \frac{\omega_0}{\omega_0 \omega C}\right)^2}} = U_r(f) \qquad (8-9)$$

式(8-9)所描述的函数关系为幅频特性,以此绘成的曲线称为电路幅频特性曲线。如图8-3所示。

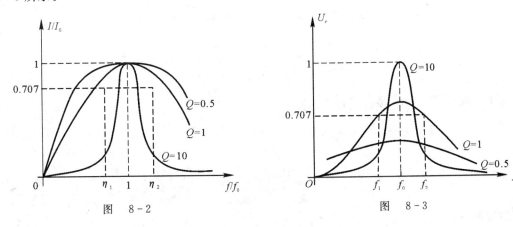

图 8-2   图 8-3

2. RLC并联谐振

电路模型如图8-4(a)所示。实际应用电路如图8-4(b)所示。理论推导略。

当电路发生并联谐振时,有

$$\left.\begin{array}{l} \omega L = \dfrac{1}{\omega C} \\[2mm] |Z| = |Z|_{max} = R \\[2mm] I = I_{min} = \dfrac{U}{R} \end{array}\right\} \qquad (8-10)$$

谐振时感抗容抗称为电路的特征阻抗,即

$$\rho = \omega_0 L = \frac{1}{\omega_0 C} = \sqrt{\frac{L}{C}} \qquad (8-11)$$

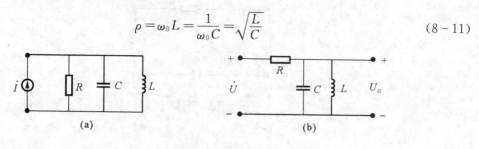

图 8-4

RLC 并联谐振电路品质因数理论计算公式为

$$Q_p = \frac{R}{\rho} = \frac{R}{\omega_0 L} = \omega_0 CR = \frac{R}{\sqrt{\dfrac{L}{C}}} \qquad (8-12)$$

不管是串联谐振还是并联谐振,均可获得相对电流频率特性曲线和电路幅频特性曲线,如图 8-2 和图 8-3 所示。

从两图中可以看出,$Q_s (Q_p)$ 值高,曲线就尖锐;$Q_s (Q_p)$ 值低,曲线就平坦。电路的 $Q_s (Q_p)$ 值越高,选择性也就越好。同时也获得另外一个结论:品质因数小于等于 0.5 时,电路不具有选频特性;品质因数大于等于 0.5 时,电路才具有选频特性。

当信号源的频率发生变化时,电压下降 0.707 倍最大值电压所对应的频率范围称为电路的通频带(或 3 dB 带宽),即

$$\Delta \omega = \omega_2 - \omega_1 = \frac{\omega_0}{Q} \quad (\text{单位:rad/s}) \qquad (8-13)$$

或

$$BW_{0.7} = BW_{3\,dB} = f_2 - f_1 = \frac{f_0}{Q} \quad (\text{单位:Hz}) \qquad (8-14)$$

进一步有品质因数响应计算公式为

$$\theta = \frac{f_0}{f_2 - f_1} \qquad (8-15)$$

还有

$$\frac{\Delta \omega}{\omega_0} = \frac{\Delta f}{f_0} = \frac{1}{Q} \qquad (8-16)$$

为相对通频带。

不管是串联谐振还是并联谐振,式(8-13) ~ 式(8-16) 通用。

三、焦点

必备知识

(1) 函数信号发生器的原理与应用。

(2) 交流毫伏表的原理与应用。

(3) 大自然中的谐振现象,人们对谐振的利用以及谐振的破坏作用。

(4) 电容是一个储能元件,里面存储的是电荷能。电感是一个储能元件,里面储存的是磁

能。当电感和电容组成一个回路时,如果回路中有能量存在,能量就会在电感和电容之间进行交换。这种交换是一种大自然现象,不可怀疑。这种能量的交换外特性表现出一种正弦振荡,这种振荡有它的固有频率。如果电路中有耗能电阻存在,这种振荡就是一种衰减振荡。如果我们给 RLC 电路外补充能量,满足什么条件时,这种振荡可以保持等幅,即有稳定的输出?结论是:当激励信号频率等于固有频率时,就可保持等幅振荡或电路的等幅输出。这就是我们所研究的 RLC 谐振电路。

(5)串联谐振和并联谐振的品质因数求解公式不一样。

(6)描述一个电路的选频特性(或谐振特性)有两种方法:一是电路的幅频特性曲线,二是电路的 3 dB 带宽。

(7)并不是所有的 RLC 电路都能发生谐振或具有选频特性。当 $Q_s(Q_p) \leqslant 0.5$ 时幅频特性近似一条直线,这时我们说电路不能谐振,或电路不具有选频特性。

(8)RLC 电路可以发生谐振和电路具有选频特性是同一本质、两种不同角度的描述。

(9)实践中应用谐振原理或构造一个具有选频特性的电路时,必须检验所设计电路的品质因数的大小。当 $Q_s(Q_p) \leqslant 0.5$ 时,电路不具有选频特性;当 $Q_s(Q_p) \geqslant 0.5$ 时电路才具有选频特性。一般情况下,选 $Q_s(Q_p) \geqslant 2$。

(10)由于电线电缆具有分布参数,所以实验室做实验时均在低频段做实验,频率不宜过高,连线尽可能地短。

(11)函数发生器是交流电压源,输出不能短路。

(12)对于高频电路,通常用频率特性测试仪(简称扫频仪)来测试电路的频率特性。对于低频电路,通常用点频法来测试电路的频率特性。

所谓点频法,就是从函数发生器输出正弦波,加到被测电路的输入端,被测电路的输出端接示波器或交流电压表测试输出正弦波的幅度。改变函数发生器的输出频率,逐点记录输出正弦波的输出幅度,获得多组测试数组。在坐标系中逐点描绘出数组所对应的点。圆滑连接这些数组所对应的点,就获得了一个幅频特性曲线,即电路的选频特性。

四、实验内容

实验电路如图 8-5 所示。电路参数 R,L,C 由现场实验条件临时确定。考虑到函数发生器具有一定的内阻,因此,需要用 V_1 始终监视函数发生器的输出电压 U,在 U 的电压值始终为一定值时记录实验数据 U_r 的值。我们选择 U 始终保持 1 V 的正弦波来完成此实验。

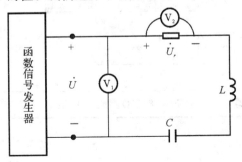

图 8-5

（1）先使函数发生器的输出电压 U 为一个任意值，调节函数发生器的输出频率，频率从零频到无限大频率变化，寻找 U_r 的最大值点，此时对应的频率就是串联谐振回路的谐振频率（或谐振中心频率）f_0，然后调节函数发生器的输出电压，当 U 为 1V 时，V_2 的读数就是 U_{rmax}，从而获得谐振曲线顶点数组（U_{rmax}，f_0）。进一步反复调节函数发生器的输出频率和输出电压，在 U 始终保持为 1V 时，测出 V_2 为 $0.707U_{rmax}$，$0.5U_{rmax}$，$0.3U_{rmax}$，$0.1U_{rmax}$ 时对应的频率（其中包括上边界频率 f_2 和下边界频率 f_1），结果填于表 8-2。

（2）当 r 取实验 1 的 1/5 的值时，其它参数保持不变，重复上述步骤，结果填于表 8-3。

（3）实验电路如图 8-6 所示。$R = 2\ \text{k}\Omega$，$L = 30\ \text{mH}$，$C = 1\ \mu\text{F}$，R 远远大于函数发生器内阻。函数发生器输出正弦波的幅度保持不变。改变函数发生器的输出频率，记录 V_1 读数，结果填于表 8-4。

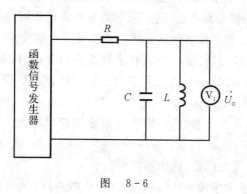

图 8-6

五、思考题

（1）根据实验指导书给定的 L，C 值，计算出电路谐振频率 f_0。

（2）在已经测定 f_0 的条件下，如何测定 f_1 和 f_2？

六、实验设备（见表 8-1）

表 8-1

名　　称	规　　格	数　　量
可调电感箱	KTDG-30 型	1 只
十进制电容箱	RX71 型	1 只
可调电阻箱	ZX21 型	1 只
交流毫伏表	SH1911D	2 台
函数信号发生器	GFG-8016D 型或 FO5 型	1 台

七、实验数据

（1）填写实验结果见表 8-2 ～ 表 8-4（注明 f_0，f_1，f_2）。

表 8 - 2 $r = 50\ \Omega$

f/Hz				f_1	f_0	f_2		
U_r/V								

表 8 - 3 $r = 10\ \Omega$

f/Hz				f_1	f_0	f_2		
U_r/V								

表 8 - 4 $R = 2\ \mathrm{k}\Omega$

f/Hz				f_1	f_0	f_2		
U_0/V								

（2）用坐标纸绘制表 8 - 2 ～ 表 8 - 4 对应的幅频特性曲线，标出通频带，并说明 Q 值的高低对通频带的影响。

（3）根据实验结果完成表 8 - 5。

表　8 - 5

	公式展示	按实验(1)计算结果	按实验(2)计算结果	按实验(3)计算结果
RLC 串联谐振 Q 理论计算公式				
RLC 串联谐振 Q 响应计算公式				
RLC 并联谐振 Q 理论计算公式				
RLC 并联谐振 Q 响应计算公式				

（4）根据实验结果完成表 8 - 6。

表　8 - 6

	实验(1)	实验(2)	实验(3)
f_1			
f_2			
f_2			
f_0			
$BW_{0.7}$			
Q			

实验九　RC 一阶电路的瞬态过程

一、实验目的

(1)学习用示波器观察和分析 RC 一阶电路的瞬态过程。
(2)研究 RC 串联电路在方波激励和冲激电压源激励时的瞬态过程。

二、实验原理

含有一个储能元件(L 或 C)的电路,其响应可由微分方程求解。用一阶微分方程描述的电路称为一阶电路。因此,有 RC 和 RL 一阶电路。

储能元件上的储能和放能都是要花时间的。电路从一种稳定状态变化到另一种新的稳定状态,期间储能和放能所经历的过程称为瞬态过程。本实验研究的是 RC 一阶电路在方波激励和冲激信号激励时的瞬态过程。

1. RC 一阶电路的全响应

初始状态为零的电路称为零状态电路。仅由外加激励在零状态电路产生的响应称为零状态响应。外加激励为零但初始状态不为零的电路称为零输入电路。电路的初始状态也称为内激励。仅由内激励产生的响应称为零输入响应。若电路中既有外激励又有内激励,则电路产生的响应称为全响应。

如图 9-1(a) 所示电路。$u_i(t)$ 为方波激励。在电路的时间常数远小于方波周期时,可以将方波响应视做零状态响应和零输入响应的多次过程。方波的前沿相当于一个阶跃信号输入,其响应即为零状态响应。方波的后沿相当于在电容具有初始状态 $u_C(0^-)$ 时把电源用短路置换,其响应为零输入响应。全响应为

$$u_C(t) = \left[u_C(0^-) e^{-\frac{t}{\tau}} + E(1 - e^{-\frac{t}{\tau}}) \right] U(t)$$

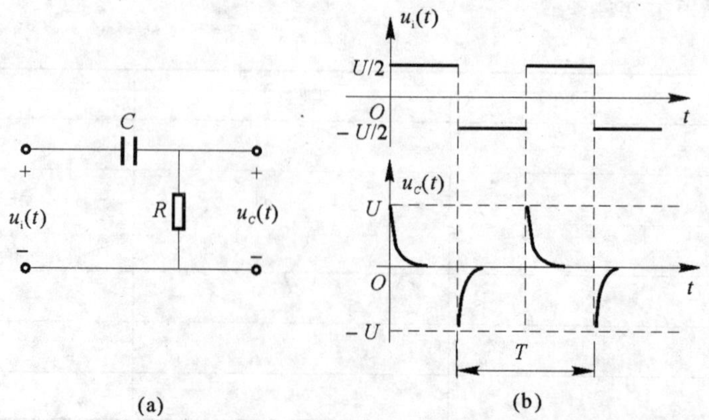

(a)　　　　　　　(b)

图　9-1

2. 微分电路

RC 一阶电路可用做微分电路,如图 9-2(a) 所示。电路的特点是:① 电路的时间常数 $\tau =$ RC 远远小于输入信号的 1/2 周期,即 $\tau \ll T/2$;② 从电阻上输出。有

$$u_o(t) = u_R(t) = Ri = RC\frac{\mathrm{d}u_C(t)}{\mathrm{d}t} \approx RC\frac{\mathrm{d}u_i(t)}{\mathrm{d}t}$$

输出波形如图 9-2(b) 所示。

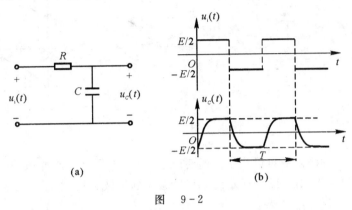

图 9-2

3. 积分电路

RC 一阶电路也可用做积分电路,如图 9-1(a) 所示。其特点是:① 时间常数 τ 可以 $\tau <$ $T/2$,$\tau = T/2$,$\tau \gg T$;② 从电容器两端输出。如图 9-1(b) 所示,为 $\tau < T/2$ 的波形。于是有

$$u_C(t) = \frac{1}{C}\int i(t)\,\mathrm{d}t \approx \frac{1}{RC}\int u_i(t)\,\mathrm{d}t$$

4. RC 电路时间常数 τ 的测量

$\tau = RC$ 为 RC 电路时间常数 τ 的理论计算公式。常数 τ 还可以从方波响应波形的前沿或后沿中求得。如图 9-3 所示为方波响应的前沿波形,其上升沿按指数增长。设波形的总幅度为 U_0。指数曲线的特点是电压由 0 上升至 $U_0/2$ 所经历的时间近似等于 0.69τ,而电压由 0 上升至 $0.63U_0$ 所经历的时间近似等于 τ。由此,可在响应波形上测出实际电路的时间常数 τ。

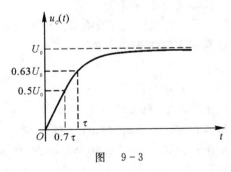

图 9-3

5. RC 一阶电路的冲激响应

在 RC 一阶电路的输入端加一单位冲激激励 $\delta(t)$,如图 9-4(a) 所示。有

$$u_C(t) = \frac{1}{RC}\mathrm{e}^{-\frac{t}{\tau}}U(t)$$

$$i_C(t) = C\frac{\mathrm{d}u_C(t)}{\mathrm{d}t} = \frac{\delta(t)}{R} - \frac{1}{R^2 C}e^{-\frac{t}{\tau}}U(t)$$

式中，$U(t)$ 表示单位阶跃函数。

响应波形如图 9-4(b) 和图 9-4(c) 所示。

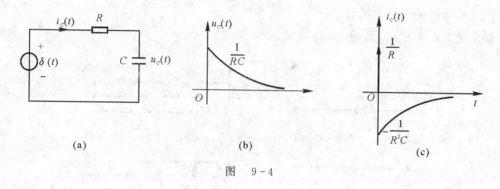

图　9-4

在实践中，单位冲激函数难以产生。即使产生了，由于只有一次冲激，其响应的实验观察也难以进行。故只能用如图 9-5 所示的单位冲激序列来做实验，以便于观察。

图 9-5　单位冲激序列波形

三、焦点

1. **必备知识**

(1) 示波器原理与使用。

(2) 使用示波器如何作定性测量和定量测量？

(3) 怎样记录波形？记录波形的方法有哪些？

(4) 如何求解 RC 电路的时常数？如何在方波响应波形上测量 RC 电路的时常数？

(5) 如何根据实验室条件完成实验任务？

2. **思考题**

(1) 什么是对一个波形的定性测量与记录？

(2) 什么是对一个波形的定量测量与记录？

(3) 用示波器对一个波形进行定量测量时，应该读波形的峰值、峰峰值还是有效值？

(4) 对一个交流信号波形进行记录，以下方法哪种正确，哪种不正确？

1) 放在方格背景上记录；

2) 放在坐标上记录，把波形记录在水平坐标以上；

3) 放在坐标上记录，把波形记录在水平坐标以下；

4) 放在坐标上记录，只要把波形在水平坐标的上下进行记录就行；

5) 放在坐标上记录，对于上下对称（即平均值为零）的波形，以水平坐标为对称，把波形在水平坐标的上下进行记录；

6) 放在坐标上记录,对于上下不对称的波形,以波形的平均值和水平坐标重合为基准对波形进行记录；

7) 既不把波形放在方格背景上记录,也不把波形放在坐标上记录,而是只在空白纸上记录波形。

四、实验内容

(1) 电路如图9-6(a)所示。当$u_s(t)$为1 kHz,1 V的方波信号,$C=0.01\ \mu F$,$R=1\ k\Omega$时,定量测量记录电压波形$u_1(t)$。

(2) 电路如图9-6(b)所示。$u_s(t)$为1 kHz,1 V的方波信号。

当$C=0.05\ \mu F$,$R=1\ k\Omega$时,定量测量记录电容上的电压波形为$u_{C1}(t)$。

当$C=0.1\ \mu F$,$R=1\ k\Omega$时,定量测量记录电容上的电压波形为$u_{C2}(t)$。

当$C=0.5\ \mu F$,$R=1\ k\Omega$时,定量测量记录电容上的电压波形为$u_{C3}(t)$。

(3) 从$u_{C2}(t)$测量RC电路时间常数τ。

(4) 电路如图9-6(c)所示。当$C=0.1\ \mu F$,$R=1\ k\Omega$时,$u_s(t)$为单位冲激序列$\delta_T(t)$,频率为1 kHz,幅度为1 V,定量测量记录电容上的电压波形为$u_{C4}(t)$。

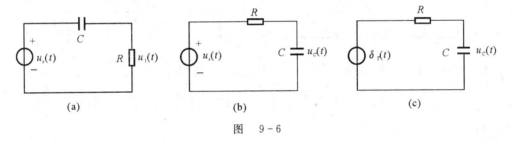

图　9-6

五、实验设备(见表9-1)

表　9-1

名　　称	规格或型号	数　　量
示波器	DS1022CD	1台
电阻箱	ZX21 型	1只
电容箱	RX71 型	1只
函数发生器	FO5 型	1台

六、实验报告内容

(1) 用坐标纸绘出$u_s(t)$,$u_1(t)$,$u_{C1}(t)$,$u_{C2}(t)$,$u_{C3}(t)$的波形图(见图9-7)。

(2) 用坐标纸绘出$u_s(t)$,$u_{C4}(t)$波形图。

(3) 列表示出RC电路时间常数τ的实验测量数据,并与理论计算值相比较。

（4）回答思考题所提问的问题。

注意：激励与响应波形之间的时间对应关系。

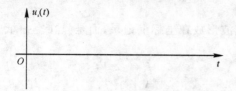

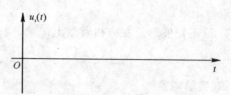

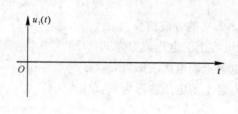

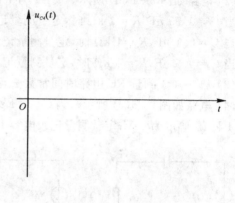

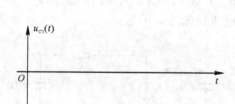

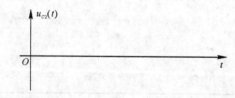

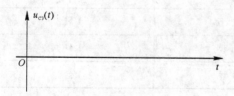

图 9-7　波形记录图

实验十　RLC 二阶电路的瞬态过程和状态轨迹

一、实验目的

(1)用示波器观察 RLC 二阶电路的瞬态过程。

(2)用示波器观察 RLC 二阶电路的状态轨迹。

二、实验原理

1. 二阶电路分析

可用二阶微分方程描述的电路称为二阶电路。图 10-1 所示的 RLC 串联电路是一个典型的二阶电路,它可用二阶常系数线性微分方程描述为

$$LC\frac{\mathrm{d}^2 u_C}{\mathrm{d}t^2} + RC\frac{\mathrm{d}u_C}{\mathrm{d}t} + u_C = u_s$$

初始值为

$$u_C(0^+) = u_C(0^-) = U_0$$

$$\left.\frac{\mathrm{d}u_C(t)}{\mathrm{d}t}\right|_{t=0} = \frac{i_L(0^+)}{C} = \frac{i_L(0^-)}{C} = \frac{I_0}{C}$$

求解微分方程可以得出电容上的电压 $u_C(t)$,再根据

$$i_C(t) = C\frac{\mathrm{d}u_C}{\mathrm{d}t} = i_L(t)$$

求得 $i_L(t)$。

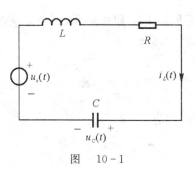

图　10-1

2. 电路参数测试

R, L, C 串联电路零输入响应(见图 10-2)的结果与元件的参数有关。如果设电容器上电压的初始值 $u_C(0^-)$ 是 U_0,电感电流的初始值 $i_L(0^-)$ 是 I_0,根据电路的参数有以下几种情况:

(1) 当 $R > 2\sqrt{\dfrac{L}{C}}$ 时,电路处于过阻尼情况,电路不产生自由振荡;

（2）当 $R = 2\sqrt{\dfrac{L}{C}}$ 时，电路处于临界状态，电路不产生自由振荡；

（3）当 $R < 2\sqrt{\dfrac{L}{C}}$ 时，电路处于欠阻尼状态，电路产生自由振荡，波形如图 10-3 所示，该图为 $U_0 \neq 0$，$I_0 \neq 0$ 时的响应 $u_C(t)$ 的波形。

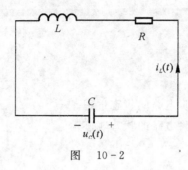

图　10-2

3. 衰减系数 α 及 ωc 的测量

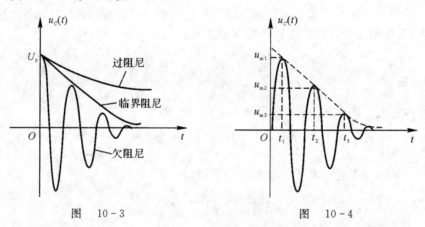

图　10-3　　　　　　　图　10-4

对于欠阻尼情况，衰减振荡角频率 ω_c 和衰减系数 α 可以从响应波形上测量出来，即可在图 10-4 所示 $u_C(t)$ 的波形中求得。

衰减系数理论计算公式为

$$\alpha = \frac{R}{2L}$$

自由振荡角频率理论计算公式为

$$\omega_c = \sqrt{\frac{1}{LC} - \left(\frac{R}{2L}\right)^2}$$

参考图 10-4，若第一个峰点出现的时间为 t_1，第 n 个峰点出现的时间为 t_n，则自由振荡周期为

$$T_c = \frac{t_n - t_1}{n - 1}$$

频率为

$$f_c = \frac{1}{T_c} \quad \text{或} \quad \omega_c = 2\pi f_c = \frac{2\pi(n-1)}{t_n - t_1}$$

又设测得第一个峰值为 U_{m1}，第 n 个峰值为 U_{mn}，故得衰减系数为

$$\alpha = \frac{1}{t_n - t_1}\ln\frac{U_{m1}}{U_{mn}}$$

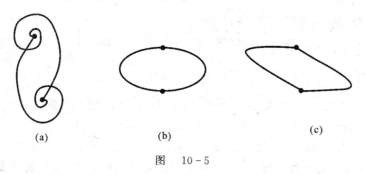

(a) (b) (c)

图 10-5

4. 二阶电路状态轨迹

对于二阶电路，常选电感中电流 $i_L(t)$ 和电容上电压 $u_C(t)$ 为电路的状态变量，如图 10-1 所示 RLC 串联电路。因为示波器测量的是电压，所以 $i_L(t)$ 的变化可以由 R 上的电压来反映。于是将 $u_C(t)$ 和 $u_R(t)$ 分别加到示波器的 X 轴和 Y 轴，让示波器处于 X-Y 功能状态，则荧光屏上将显示出状态变量轨迹。

图 10-5 所示为在方波信号作用下 RLC 串联电路零状态响应的状态变量轨迹。其中，图 10-5(a) 所示为振荡状态的状态变量轨迹图；图 10-5(b) 所示为临界阻尼状态的状态变量轨迹图；图 10-5(c) 所示为过阻尼状态的状态变量轨迹图。

三、实验设备(见表 10-1)

表 10-1

名　　称	规　　格	数　　量
函数发生器	FO5 型	1 台
示波器	DS1022CD	1 台
电感箱	KTDG-30 型	1 只
电容箱	RX71 型	1 只
电阻箱	ZX21 型	1 只

四、焦点

必备知识

(1) 二阶电路的零状态响应电路和零输入响应电路。

（2）二阶电路的三态以及对应的电路状态轨迹。

（3）在欠阻尼情况下衰减振荡角频率 ω_c 和衰减系数 α 的理论计算公式与响应波形上计算公式。

（4）如何在方波响应波形上测量 ω_c 和 α？

（5）示波器的 X-Y 功能状态。

（6）如何结合实验室条件完成实验任务？

（7）如何把示波器上面的波形存储到 USB 口上的外存储器中？

五、注意事项

（1）用示波器作 X-Y 功能的波形合成时，要用示波器的两个通道。示波器两个信号输入通道的接入电缆其冷端（黑夹子）是同一个电位点（也叫示波器的地端）。在用示波器测量两个相邻元件上的电压波形时，若两个电缆的热端（红夹子）接在两个元件的中间点，电缆的冷端（黑夹子）接在两个元件的另外两边，这两个元件就会被短路掉，实验无法做下去。正确的接法是：两个电缆的冷端（黑夹子）接在两个元件的中间点，电缆的热端（红夹子）接在两个元件的另外两边。

（2）观察方波响应的状态轨迹时，注意轨迹的起点、终点及出现最大值的位置与瞬态波形之间的关系。

（3）电路连线时，线越短越好，尽量避免分布参数对实验结果的影响。

六、实验内容

按图 10-6 接线。元件参数 R,L,C 可根据实验条件随机给出。激励波形 $u_s(t)$ 为方波信号，具体波形参数应根据元件参数来选择。

元件典型参数：

$R = 100\ \Omega$

$L = 30\ \text{mH}$

$C = 0.03\ \mu\text{F}$

激励 $u_s(t)$ 典型参数：

频率：450 Hz

幅度：5 V

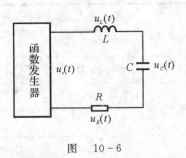

图 10-6

（1）观察方波作用下 RLC 串联电路的瞬态响应（观察 $u_C(t)$ 波形）。改变 R 值，使其分别出现欠阻尼、临界阻尼、过阻尼三种情况。定性记录三态下的 $u_L(t)$，$u_C(t)$，$u_R(t)$ 波形以及对应的元件取值。记录波形填入表 10-3。

（2）测量振荡状态时的 f_c 及 α 值。

（3）观察记录方波作用于 RLC 串联电路下的状态变量轨迹。具体操作过程如下：给示波器输入两个被测信号,让两个信号在屏幕上的显示幅度近似相等,让示波器处于 X-Y 功能状态,显示三态下的合成波形,即状态变量轨迹。结果记录于表 10-3。

1)X：$u_C(t)$,Y：$u_R(t)$。

2)X：$u_L(t)$,Y：$u_C(t)$。

七、实验开拓内容

如图 10-7 所示。自行设计电路参数、输入信号及参数。观察 $u_C(t)$ 波形的三种状态,并画出波形。

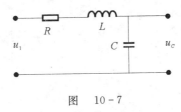

图　10-7

推荐参数：

$u_1 = U(t)$,$6 \sim 10$ V

$L = 30$ mH

$R = 100$ Ω

$C = 0.05$ μF

八、实验报告内容

(1) 填写实验数据表 10-2,并与理论值相比较。

表　10-2

	表达式	按实验计算结果
衰减系数 α 理论计算公式		
衰减系数 α 实验计算公式		
自由振荡频率 f_c 理论计算公式		
自由振荡频率 f_c 实验计算公式		

(2) 用坐标纸画出波形 $u_C(t)$(把方波一个周期三种状态波形画在同一坐标平面上)。

(3) 用坐标纸画出 450 Hz 方波作用下 RLC 串联电路的状态变量轨迹,作定性分析。

表 10 - 3　数据记录

波形记录		合成波形	元件参数
	$u_L(t)$	$X: u_C(t), Y: u_R(t)$	
过阻尼			$R =$
	$u_C(t)$		
		$X: u_L(t), Y: u_C(t)$	$L =$
	$u_R(t)$		
			$C =$
	$u_L(t)$	$X: u_C(t), Y: u_R(t)$	
临界阻尼			$R =$
	$u_C(t)$		
		$X: u_L(t), Y: u_C(t)$	$L =$
	$u_R(t)$		
			$C =$

续 表

	波形记录	合成波形	元件参数
欠阻尼	$u_L(t)$	$X: u_C(t), Y: u_R(t)$	$R =$
	$u_C(t)$		$L =$
	$u_R(t)$	$X: u_L(t), Y: u_C(t)$	$C =$

实验十一　运算放大器和受控源

一、实验目的

(1)了解运算放大器的特性。

(2)研究用运算放大器实现受控源电路。

二、实验原理

1. 运算放大器

运算放大器是一种多功能有源多端器件。它既可以用做放大器来放大电信号,还可以完成数学运算。图 11-1(a) 所示为由一个运算放大器组成的电路。它有两个输入端 a,b,一个输出端 o,一个公共端(接地),图 11-1(b) 所示为它的等效电路。

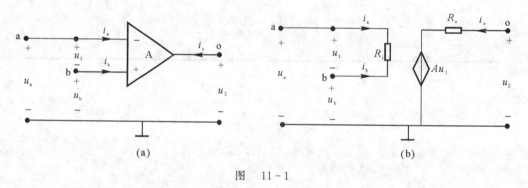

图　11-1

图中 R_i 表示输入电阻,R_o 为输出电阻,u_1 与 u_2 分别为输入与输出电压,且 $u_1 = u_b - u_a$,A 为电路的电压放大倍数,有

$$A = \frac{u_2}{u_1} = \frac{u_2}{u_b - u_a}$$

运算放大器的输入有以下三种方式:

(1)双端输入(差动输入),即 $u_a \neq 0$,$u_b \neq 0$,$u_1 = u_b - u_a$,如图 11-1(a) 所示,此时输出电压为

$$u_2 = Au_1 = A(u_b - u_a)$$

(2)正端输入。其"一"端(a 端)接地,$u_a = 0$,输入电压只从"+"端(b 端)取得,有

$$u_2 = Au_1 = Au_b$$

u_2 与 u_b 同相,故称 b 端为同相输入端。

(3)负端输入。其"+"端(b 端)接地,$u_b = 0$,输入电压 u_1 只从 a 端取得,有

$$u_2 = Au_1 = -Au_a$$

u_2 与 u_a 反相,故称 a 端为反相输入端。

2. 用运算放大器实现受控源电路

（1）VCVS 电路。

图 11-2(a) 所示为电压控制型电压源（VCVS）电路，有

$$u_2 = \frac{R_1 + R_2}{R_1} u_1 = \mu u_1$$

式中，$\mu = \dfrac{R_1 + R_2}{R_1}$ 为电压放大系数。等效电路如图 11-2(b) 所示。其输入端与输出端有公共接地端，此种接连方式为共地连接方式。

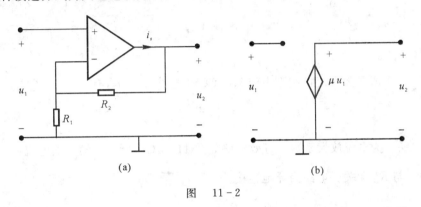

(a)   (b)

图　11-2

（2）VCCS 电路。

图 11-3(a) 所示为电压控制型电流源（VCCS）电路，有

$$i_s = \frac{u_a}{R} = \frac{1}{R} u_1 = g u_1$$

式中，$g = \dfrac{1}{R}$，等效电路如图 11-3(b) 所示。输出端电流 i_s 只受输入端电压 u_1 的控制，与负载电阻 R_L 无关。输入端与输出端无公共接地端，此种连接方式称为浮地连接。

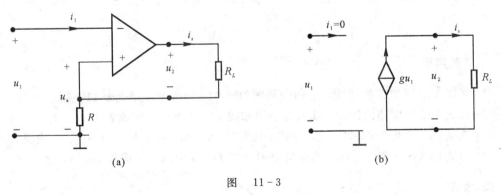

(a)   (b)

图　11-3

（3）CCVS 电路。

图 11-4(a) 所示为电流控制型电压源（CCVS）电路，有

$$u_2 = -R_1 i_1 = r i_1$$

式中，$r = -R_1$，其等效电路如图 11-4(b) 所示，为共地连接。

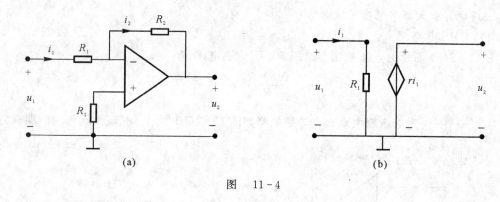

图　11 - 4

（4）CCCS 电路。

图 11 - 5(a) 所示为电流控制型电流源（CCCS）电路，$i_1 = i_2$，有

$$i_s = i_2 + i_3 = \left(1 + \frac{R_2}{R_3}\right) i_1 = \alpha i_1$$

式中，$\alpha = 1 + \dfrac{R_2}{R_3}$ 为电流放大系数。等效电路如图 11 - 5(b) 所示。输出端电流 i_s 只受输入端电流 i_1 控制，与 R_L 无关。电路为浮地连接。

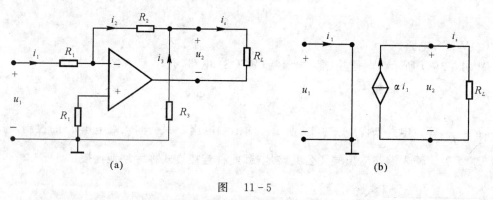

图　11 - 5

三、实验内容

（1）测试 VCVS 电路的特性。实验电路图如图 11 - 2 所示。完成表 11 - 2。

（2）测试 VCCS 电路的特性。实验电路图如图 11 - 3 所示。完成表 11 - 3。

（3）测试 CCVS 电路的特性。实验电路图如图 11 - 4 所示。$u_1 = U_1 = 1.5\text{ V}$。完成表11 - 4。

（4）测试 CCCS 电路的特性。实验电路图如图 11 - 5 所示。完成表 11 - 5。

四、焦点

1. 必备知识

（1）用运算放大搭接的四种受控源电路。

（2）受控源的被控测试既可以用直流信号来做，也可以用交流信号来做。

（3）四种受控源电路的输出端均为运入的输出端，没有测试保护电路，故学生应仔细认真做实验，以免因输出对地短路而烧坏集成片。

(4) 如何接 ± 12 V 电源?

2. 注意事项

(1) 运算放大器必须接 ± 12 V 工作电源,电源的 +12V 和 −12V 端不得接地。

(2) ±12V 电路不能只接 +12V 和 −12V 电源。

五、实验设备(见表 11 − 1)

表　11 − 1

名　　称	规　格	数　　量
三路直流稳压电源	0 ～ 30 V	2 台
直流毫安表	0 ～ 200 mA	1 个
直流电压表	0 ～ 20 V	1 个
电阻箱	ZX21 型	1 个

六、实验报告内容

(1) 填写表 11 − 2。

表 11 − 2　VCVS　$R_1 = 1\ \text{k}\Omega, R_2 = 2\ \text{k}\Omega$

U_1/V	1.3	2.4	3.6
U_2/V			
I_s/mA			
μ			

(2) 填写表 11 − 3。

表 11 − 3　VCCS　$U_1 = 1.5\ \text{V}(R = 1\ \text{k}\Omega)$

R_L/Ω	1.2 kΩ	2 kΩ	3.3 kΩ	4.7 kΩ	5.1 kΩ
U_2/V					
I_s/mA					
g					

(3) 填写表 11 − 4。

表 11 - 4(a)　CCVS　$U_1 = 1.5$ V($R_2 = 5.1$ kΩ)

R_1/Ω	1.2 kΩ	2 kΩ	3.3 kΩ	4.7 kΩ	5.1 kΩ
I_1/mA					
U_2/V					
$r/\mathrm{k\Omega}$					

表 11 - 4(b)　$U_1 = 1.5$ V($R_1 = 1$ kΩ)

R_2/Ω	1.2 kΩ	2 kΩ	3.3 kΩ	4.7 kΩ	5.1 kΩ
I_1/mA					
U_2/V					
$r/\mathrm{k\Omega}$					

（4）填写表 11 - 5。

表 11 - 5　CCCS　$U_1 = 1.5$V($R_1 = 1$ kΩ,$R_2 = 2$ kΩ,$R_3 = 10$ kΩ)

R_L/Ω	1.2 kΩ	2 kΩ	3.3 kΩ	4.7 kΩ	5.1 kΩ
U_2/V					
I_2/mA					
I_1/mA					

（5）对实验数据作误差分析。

实验十二　回　转　器

一、实验目的

(1) 了解回转器的特性。
(2) 学习回转器特性的测试方法。

二、实验原理

1. 回转器的基本特性

图 12-1 所示为理想线性回转器的电路符号,其伏安关系可表示为

$$\begin{cases} \dot{U}_1 = -R\dot{I}_2 \\ \dot{U}_2 = R\dot{I}_1 \end{cases} \qquad 或 \qquad \begin{cases} \dot{I}_1 = G\dot{U}_2 \\ \dot{I}_2 = -G\dot{U}_1 \end{cases}$$

写成矩阵形为

$$\begin{bmatrix} \dot{U}_1 \\ \dot{U}_2 \end{bmatrix} = \begin{bmatrix} 0 & -R \\ R & 0 \end{bmatrix} \begin{bmatrix} \dot{I}_1 \\ \dot{I}_2 \end{bmatrix} \qquad 或 \qquad \begin{bmatrix} \dot{I}_1 \\ \dot{I}_2 \end{bmatrix} = \begin{bmatrix} 0 & G \\ -G & 0 \end{bmatrix} \begin{bmatrix} \dot{U}_1 \\ \dot{U}_2 \end{bmatrix}$$

式中,R 称为回转常数(回转电阻),单位为 Ω;G 也称为回转常数(回转电导),单位为 S。

若在 2—$2'$ 端接一阻抗 Z_L,则从 1—$1'$ 端看此有源多端网络的入端阻抗 Z_i 为

$$Z_i = \frac{\dot{U}_1}{\dot{I}_1} = \frac{-R\dot{I}_2}{\dot{U}_2/R} = \frac{R^2}{-\dot{U}_2/\dot{I}_2} = \frac{R^2}{Z_L}$$

可见,回转器实质为阻抗逆变器。

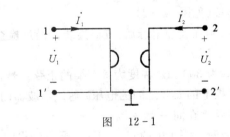

图　12-1

2. 回转器的组成

图 12-2 所示为本实验所用回转器电路。分别求出电压 U_1,U_2 和电流 I_1,I_2,即可获得表征回转器基本方程的矩阵形式为

$$\begin{bmatrix} \dot{I}_1 \\ \dot{I}_2 \end{bmatrix} = \begin{bmatrix} \dfrac{1}{Z_4} + \dfrac{1}{Z_d} - \dfrac{Z_b}{Z_a Z_c} & \dfrac{Z_b}{Z_a Z_c} - \dfrac{1}{Z_4} \\ -\left(\dfrac{1}{Z_4} + \dfrac{1}{Z_a}\right) & \dfrac{1}{Z_a} + \dfrac{1}{Z_4} - \dfrac{Z_2}{Z_1 Z_3} \end{bmatrix} \begin{bmatrix} \dot{U}_1 \\ \dot{U}_2 \end{bmatrix}$$

要使图 12-2 所示电路构成理想回转器,即满足

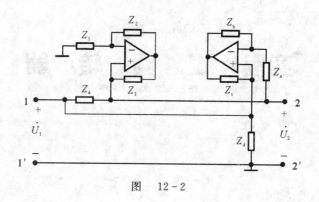

图　12-2

$$\begin{bmatrix} \dot{I}_1 \\ \dot{I}_2 \end{bmatrix} = \begin{bmatrix} 0 & G \\ -G & 0 \end{bmatrix} \begin{bmatrix} \dot{U}_1 \\ \dot{U}_2 \end{bmatrix}$$

则上述两式各对应项分别相等,并由此解得电路参数为

$$Z_1 = Z_2 = Z_3 = 1 \text{ k}\Omega, \qquad Z_4 = 2 \text{ k}\Omega$$
$$Z_a = 2 \text{ k}\Omega, \quad Z_b = 3 \text{ k}\Omega, \quad Z_c = Z_d = 1 \text{ k}\Omega$$

将各元件的数值代入,则得

$$\begin{bmatrix} \dot{I}_1 \\ \dot{I}_2 \end{bmatrix} = \begin{bmatrix} 0 & 10^{-3} \\ -10^{-3} & 0 \end{bmatrix} \begin{bmatrix} \dot{U}_1 \\ \dot{U}_2 \end{bmatrix}$$

此电路的回转常数 $G = 10^{-3} \text{ S}, R = 10^3 \Omega$。

若在图 12-2 所示电路的 2—2′端接一电容 $C = 1 \mu\text{F}$,则此回转器为一模拟电感,其电感量 $L = R^2 C = 1 \text{ H}$。

若在图 12-2 所示电路的 2—2′端接一电阻 $r = 500 \Omega$,则此回转器为一模拟电阻,其电阻值 $R' = R^2/r = 2\,000 \Omega$。

三、实验内容

(1) 按实验箱面板进行连接(见图 12-3)。

1) 先调好 ±12 V 电压,必须在关掉电源后,方能连线。经过检查,认为接线正确,再打开稳压电源开关。

2) 从函数发生器输出频率为 300 Hz,幅度为 3 V$_{PP}$ 的正弦信号作为激励。

3) 将激励信号(实验箱面板上的 a,b 之间的电压)通过示波器的输入电缆连接在 CH1 通道。CH1 和 CH2 通道的地线要接在同一点。

4) CH2 通道测得的电压为图 12-4 中的 $U_{1-1'}$,CH1 通道测得的电压为 U_{R1}。

用示波器观察回转器端电压和电流的相位关系,图 12-4 中 $R_1 = 10 \text{ k}\Omega$,在箱内已接好。由于 U_{R1} 与 I 同相位,所以 $U_{1-1'}$ 和 I 的关系即 $U_{1-1'}$ 和 U_{R1} 的关系。

(2) 调节 f(从 300～1 000 Hz),用交流毫伏表测 $U_{1-1'}$ 和 U_{R1},自拟实验数据表格。

(3) 将实验箱控制开关置 R(表示箱内 2—2′端接一个 500 Ω 的电阻),使函数发生器的频率 $f = 300 \text{ Hz}$,幅度 $U_{ab} = 3 \text{ V}_{PP}$,观察 $U_{1-1'}$ 和 I 的相位关系,并测出 $U_{1-1'}$ 和 U_{R1}。

四、注意事项

(1) 实验箱所需 ±12 V 电源不能接错。

（2）在调节 f 时，注意保持 U_{ab} 不变。

（3）观察波形为正弦，且要满足相位关系时再测试。

（4）双踪示波器接地点在图12-3所示的端钮"1"，注意此时 i 与 $u_{1-1'}$ 实际方向差 $180°$。

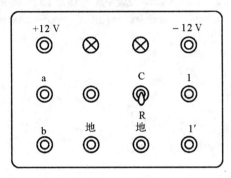

图　12-3

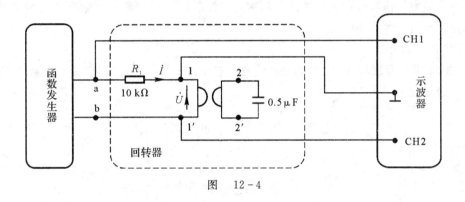

图　12-4

五、实验设备（见表12-1）

表　12-1

名　　称	规　　格	数　　量
示波器	DS1022CD	1台
交流毫伏表	SH1911D	1只
函数发生器	FO5型	1台
直流稳压电源	0～30 V	1台
实验箱	自制	1只

六、实验报告内容

（1）展示测量数据。

（2）根据测量数据计算回转电阻。

（3）分析实验观察到的现象。

（4）计算不同频率下的等值电感，并与理论值比较。

实验十三　RC滤波器的幅频特性

一、实验目的

（1）研究 RC 滤波器的幅频特性。

（2）学习 RC 滤波器幅频特性的测试方法。

二、实验原理

对不同频率的信号具有选择性的电路称为滤波器。它只允许一些频率的信号通过，同时又衰减或抑制另一些频率的信号。

1. RC 低通滤波器

图 13-1 所示为二节 RC 无源低通滤波器。它允许低频信号通过，衰减或抑制高频信号。其电压传输函数为

$$H(\mathrm{j}\omega) = \frac{\dot{U}_2}{\dot{U}_1} = \frac{1}{1 - \omega^2 R^2 C^2 + \mathrm{j}3\omega RC}$$

模为

$$|H(\mathrm{j}\omega)| = \frac{1}{\sqrt{(1 - \omega^2 R^2 C^2)^2 + 9\omega^2 R^2 C^2}}$$

当 $\omega_c = \dfrac{1}{RC}$ 时，则 $|H(\mathrm{j}\omega)| = \dfrac{1}{3}$，$\omega_c$ 称为一节 RC 低通滤波器的截止频率。图 13-2 所示为二节 RC 低通滤波器的模频特性，ω_c' 为二节低通滤波器的截止频率，且 $\omega_c > \omega_c'$。

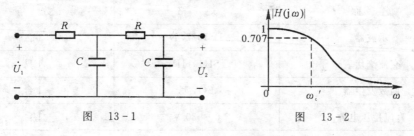

图　13-1　　　　　　　　　　图　13-2

图 13-3 所示为二节 RC 有源低通滤波器。它是用运算放大器和 RC 元件组成的电路，由图 13-3 可列出方程为

$$\frac{\dot{U}_1 - \dot{U}_a}{R} = \frac{\dot{U}_a - \dot{U}_2}{1/(\mathrm{j}\omega C)} + \frac{\dot{U}_a - \dot{U}_b}{R}$$

$$\frac{\dot{U}_a - \dot{U}_b}{R} = \frac{\dot{U}_b}{1/(\mathrm{j}\omega C)}$$

可得

$$\dot{U}_2 = \dot{U}_b$$

由此解得电压传输函数为

$$H(\mathrm{j}\omega)=\frac{\dot{U}_2}{\dot{U}_1}=\frac{1}{1-\omega^2R^2C^2+\mathrm{j}2\omega RC}$$

其模为

$$|H(\mathrm{j}\omega)|=\frac{1}{\sqrt{(1-\omega^2R^2C^2)^2+4\omega^2R^2C^2}}$$

当 $\omega=0$ 时, $|H(\mathrm{j}\omega)|=1$; 当 $\omega=\dfrac{1}{RC}$ 时, $|H(\mathrm{j}\omega)|=\dfrac{1}{2}$; 当 $\omega=\infty$ 时, $|H(\mathrm{j}\omega)|=0$。

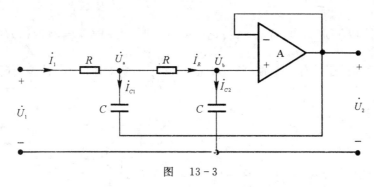

图　13-3

不管是无源低通还是有源低通,当 $H(\mathrm{j}\omega)|=\dfrac{1}{\sqrt{2}}$ 时所对应的 $\omega_c{}'$ 才是所研究低通滤波器的截止频率。

2.RC 高通滤波器

高通滤波器允许高频信号通过,衰减或抑制低频信号。图 13-4 所示为二节 RC 无源高通滤波器,图 13-5 所示为高通滤波器的模频特性。

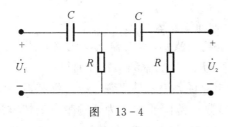

图　13-4

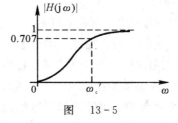

图　13-5

图 13-4 所示电路的电压传输函数为

$$H(\mathrm{j}\omega)=\frac{\dot{U}_2}{\dot{U}_1}=\frac{1}{1-\dfrac{1}{\omega^2R^2C^2}-\mathrm{j}\dfrac{3}{\omega RC}}$$

其模为

$$|H(\mathrm{j}\omega)|=\frac{1}{\sqrt{\left(1-\dfrac{1}{\omega^2R^2C^2}\right)^2+\dfrac{9}{\omega^2R^2C^2}}}$$

当 $\omega=0$ 时, $|H(\mathrm{j}\omega)|=0$;

当 $\omega=\dfrac{1}{RC}$ 时, $|H(\mathrm{j}\omega)|=\dfrac{1}{3}$;

当 $\omega = \infty$ 时，$|H(\mathrm{j}\omega)| = 1$。

图 13-6 所示为二节 RC 有源高通滤波器，其电压传输函数为

$$H(\mathrm{j}\omega) = \frac{\dot{U}_2}{\dot{U}_1} = \frac{1}{1 - \dfrac{1}{\omega^2 R^2 C^2} - \mathrm{j}\dfrac{2}{\omega RC}}$$

其模为

$$|H(\mathrm{j}\omega)| = \frac{1}{\sqrt{\left(1 - \dfrac{1}{\omega^2 R^2 C^2}\right)^2 + \dfrac{4}{\omega^2 R^2 C^2}}}$$

当 $\omega = 0$ 时，$|H(\mathrm{j}\omega)| = 0$；当 $\omega = \dfrac{1}{RC}$ 时，$|H(\mathrm{j}\omega)| = \dfrac{1}{2}$；当 $\omega = \infty$ 时，$|H(\mathrm{j}\omega)| = 1$。

不管是无源高通还是有源高通，当 $|H(\mathrm{j}\omega)| = \dfrac{1}{\sqrt{2}}$ 时所对应的 $\omega_c{}'$ 才是所研究高通滤波器的截止频率。

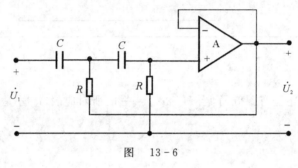

图 13-6

3. RC 带通滤波器和 RC 带阻滤波器

（略）

4. 电路的频率特性描述

电路（包括滤波器）的频率特性有以下三种描述方法：

(1) 电路的频率特性曲线。可以通过给电路加激励，测其输出响应的办法获得。可以是电压频率特性曲线 (U-f)，电流频率特性曲线 (I-f)，功率频率特性曲线 (P-f)，这些常称为幅频特性曲线或模频特性曲线。用曲线反映电路的频率特性直观、形象、细腻，具有说服力。

(2) 电路通频带。电路通过信号的能力或频率范围通常称为通频带。描述方法为 ($f_1 \sim f_2$) 或 (f_1, f_2) 单位为 Hz。其中：f_1 为通过信号的下限频率，有时称为下截止频率。f_2 为通过信号的上限频率，有时称为上截止频率。有时也用角频率描述通频带，即 ($\omega_1 \sim \omega_2$)，单位为 rad/s。

(3) 电路带宽。电路通频带用一个具体的数值来描述，那就是电路带宽。通常用 $BW_{0.7}$ 或 $BW_{3\mathrm{dB}}$ 表示。在数值上可以是

$$BW_{0.7} = BW_{3\mathrm{dB}} = f_2 - f_1 \qquad （单位为：Hz）$$

也可以是

$$BW_{0.7} = BW_{3\mathrm{dB}} = w_2 - w_1 \qquad （单位为：rad/s）$$

电路通频带和电路带宽是具有严格定义的。用电压频率特性来说，满足 $U \geqslant \dfrac{U_{\max}}{\sqrt{2}}$ 所对应的信号通过电路的频率范围。表 13-1 是四种滤波器的频率特性描述。

表 13-1

名 称	曲 线	通频带 /Hz	带宽 /Hz
低通滤波器	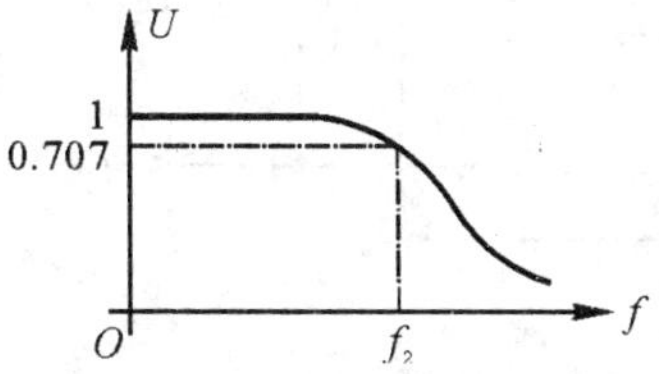	$(0 \sim f_2)$ f_2 为上限频率或上截止频率	$BW_{0.7} = f_2 - 0 = f_2$
高通滤波器	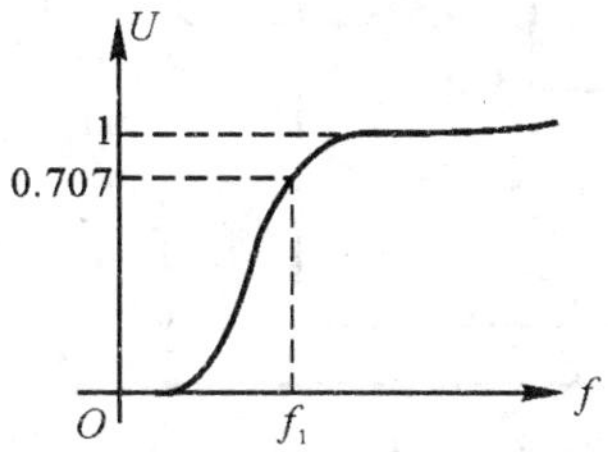	$(f_1 \sim \infty)$ f_1 为下限频率或下截止频率	$BW_{0.7} = \infty - f_1 = \infty$
带通滤波器	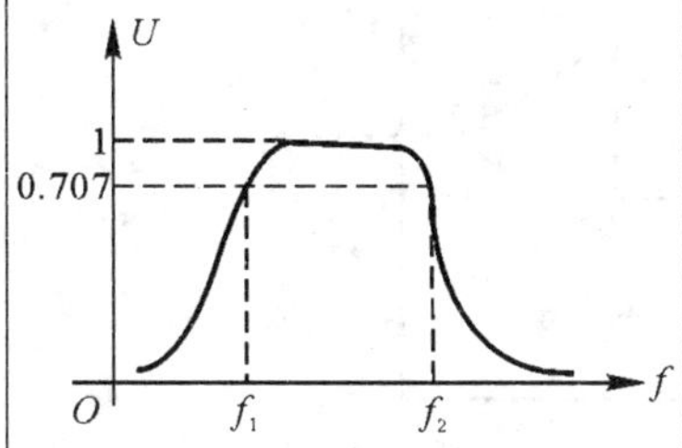	$(f_1 \sim f_2)$ f_1 为下限频率或下截止频率 f_2 为上限频率或上截止频率	$BW_{0.7} = f_2 - f_1$
带阻滤波器	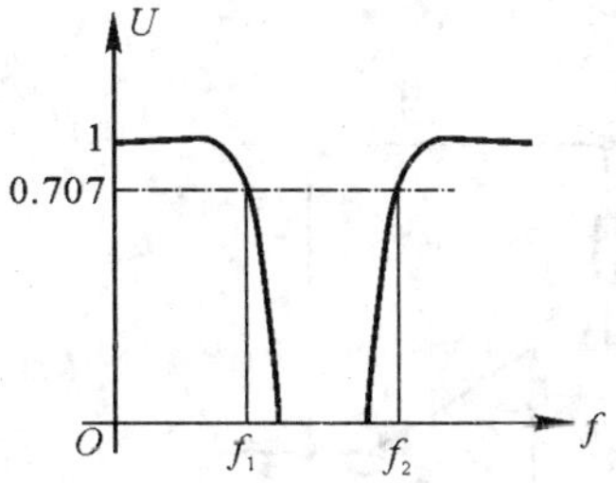	$(0 \sim f_1),(f_2 \sim \infty)$ f_1,f_2 同上	常用阻带宽 $BW_{0.7} = f_2 - f_1$

三、实验内容

以下实验按图 13-7 连线(其中:$U_1 = 1$ V。$R = 1$ kΩ,$R_f = 2$ kΩ,$C = 0.1$ μF)。

(1) 测定 RC 低通有源滤波器的幅频特性,电路如图 13-8 所示,完成表 13-3。

(2) 测定 RC 高通有源滤波器的幅频特性,电路如图 13-9 所示,完成表 13-4。

(3) 测定 RC 带通有源滤波器的幅频特性,电路如图 13-10 所示,完成表 13-5。

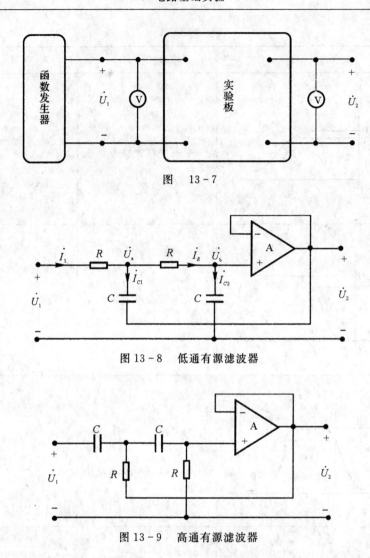

图　13－7

图 13－8　低通有源滤波器

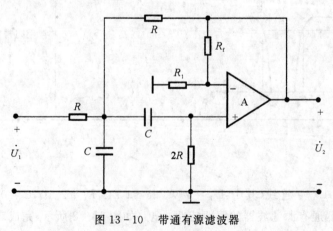

图 13－9　高通有源滤波器

图 13－10　带通有源滤波器

（4）测定 RC 带阻有源滤波器的幅频特性，电路如图 13－11 所示，完成表 13－6。

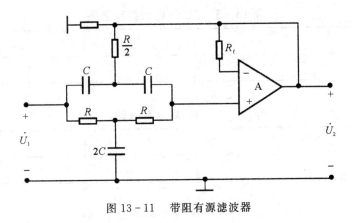

图 13 - 11 带阻有源滤波器

四、焦点

必备知识

(1)RC滤波器的电路形态。

(2)模频特性与幅频特性的区别与联系。

(3)传统电路幅频特性测试方法。低频电路常用点频测试方法。高频电路常用频率特性测试仪(简称扫频仪)。

(4)在用点频法测试电路频率特性时,如何取测试数据才能正确地测出电路的频率特性?

(5)作为作业让学生抄本实验中"4.电路的频率特性描述"在实验报告上。

(6)测试时注意被测电路的输出保护。

(7)±12 V电源不能接错。

(8)$U_1 \approx 2V$。在整个实验中,应保持 U_1 不变。

(9)如何结合实验条件完成实验任务?

五、实验设备(见表13-2)

表 13 - 2

名 称	规 格	数 量
函数发生器	FO5 型	1 台
直流稳压电源	1 ～ 30 V	1 台
交流毫伏级电压表	SH1911D	2 只
实验电路板	自制	1 块

六、实验报告内容

(1)填写实验数据表格(见表13-3 ～ 表13-6)。

表 13 − 3 RC 低通有源滤波器

f/Hz								
U_2/V								

表 13 − 4 RC 高通有源滤波器

f/Hz								
U_2/V								

表 13 − 5 RC 带通有源滤波器

f/Hz								
U_2/V								

表 13 − 6 RC 带阻有源滤波器

f/Hz								
U_2/V								

（2）用坐标纸绘出 RC 滤波器的幅频特性。

（3）根据实验结果完成表 13 − 7。

表   13 − 7

	实验（1）	实验（2）	实验（3）	实验（4）
f_1				
f_2				
f_0				
$BW_{0.7}$				

（4）对实验结果进行分析与评价。

实验十四 特勒根定理

一、实验目的

加深对特勒根定理的理解。

二、实验原理

定理1 对于一个具有 n 个节点和 b 条支路的电路,假设各支路电流和电压取关联参考方向,并令 $(i_1,i_2,\cdots,i_b)$,$(u_1,u_2,\cdots,u_b)$ 分别为 b 条支路的电流和电压,则对任何时间 t,有

$$\sum_{k=1}^{b} u_k i_k = 0$$

此定理对任何具有线性、非线性和时变元件的集中电路都适用,实质上是功率守恒的具体体现,表明任何一个电路的全部支路所吸收的功率之和恒等于零。

定理2 如果有两个具有 n 个节点和 b 条支路的电路,它们由不同的二端元件所组成,但它们的连接方式完全相同。假设各支路电流和电压取关联参考方向,并分别用 $(i_1,i_2,\cdots,i_b)$,$(u_1,u_2,\cdots,u_b)$ 和 $(\hat{i}_1,\hat{i}_2,\cdots,\hat{i}_b)$,$(\hat{u}_1,\hat{u}_2,\cdots,\hat{u}_b)$ 来表示两者的 b 条支路的电流和电压,则对任何时间 t,有

$$\sum_{k=1}^{b} u_k \hat{i}_k = 0$$

$$\sum_{k=1}^{b} \hat{u}_k i_k = 0$$

定理2不能用功率守恒来解释,它仅仅是对两个具有相同拓扑的电路,一个电路的支路电压和另一个电路的支路电流,或者可以是同一电路在不同时刻的相应支路电压和电流,所必须遵循的数学关系。此定理对支路的元件性质没有任何限制。

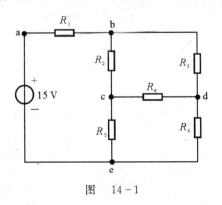

图 14-1

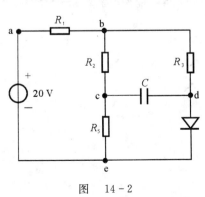

图 14-2

三、实验内容

电路如图 14-1 和图 14-2 所示,测量出表 14-2 所要求的各电压值及各电流值,并填入表 14-2 中。

四、实验设备(见表 14-1)

表 14-1

名　称	规　格	数　量
直流稳压电源	0 ~ 30 V	1台
直流电压表	15/30 V	1只
直流电流表	75/150/300 mA	1只
实验板	自制	1块

五、实验报告内容

(1)填写表 14-2。

表 14-2

	U_{ac}	U_{ab}	U_{bc}	U_{bd}	U_{cd}	U_{ce}	U_{dc}
N							
$\dot{N}'$							
	I_{ac}	I_{ab}	I_{bc}	I_{bd}	I_{cd}	I_{ce}	I_{dc}
N							
$\dot{N}'$							

(2)验证特勒根定理。

(3)对实验数据作误差分析。

实验十五　周期信号谐波分析

一、实验目的

（1）了解周期信号的幅频特性。

（2）观察周期信号被分解的各次谐波波形。

二、实验原理

将一个周期函数展开或分解为由一系列谐波组成的傅里叶级数,称之为谐波分析。本次实验是将方波信号通过一带通滤波器,调整滤波器的中心频率,使之等于该信号的基频及各次谐波的频率,测其幅值,可绘出其幅频特性。图 15-1 所示为文氏电桥电路和运算放大器构成的带通滤波器。

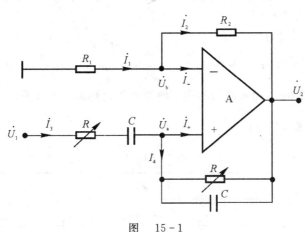

图　15-1

（1）设运算放大器为理想线性运算放大器,有 $\dot{I}_+ = \dot{I}_- = 0$;$\dot{U}_b - \dot{U}_a \approx 0$;$A \to \infty$。对节点 a 和 b 分别列出方程,有

$$\dot{I}_3 = \dot{I}_4 + \dot{I}_+, \quad \dot{I}_1 = \dot{I}_2 + \dot{I}_-$$

即

$$\frac{\dot{U}_1 - \dot{U}_a}{\dfrac{1 + j\omega CR}{j\omega C}} = \frac{\dot{U}_a - \dot{U}_2}{\dfrac{R}{1 + j\omega CR}} \tag{1}$$

$$\frac{-\dot{U}_b}{R_1} = \frac{\dot{U}_b - \dot{U}_2}{R_2} \tag{2}$$

而

$$\dot{U}_a = \frac{R_1}{R_1 + R_2} \dot{U}_2 = \frac{\dot{U}_2}{\mu} \tag{3}$$

式中
$$\mu = 1 + \frac{R_2}{R_1}$$

将式(3)代入式(1)有

$$\frac{j\omega C\left(\dot{U}_1 - \dfrac{\dot{U}_2}{\mu}\right)}{1 + j\omega CR} = \frac{(1 + j\omega CR)\left(\dfrac{\dot{U}_2}{\mu} - \dot{U}_2\right)}{R}$$

其传输函数为

$$H(j\omega) = \frac{\dot{U}_2}{\dot{U}_1} = \frac{1}{\dfrac{3 - 2\mu}{\mu} + j\left(\omega RC - \dfrac{1}{\omega RC}\right)\dfrac{1 - \mu}{\mu}}$$

式中,$\dfrac{1}{RC} = \omega_0$ 为带通滤波器的中心角频率。模为

$$|H(j\omega)| = \frac{1}{\sqrt{\left(\dfrac{3 - 2\mu}{\mu}\right)^2 + \left(\dfrac{\omega}{\omega_0} - \dfrac{\omega_0}{\omega}\right)^2\left(\dfrac{1 - \mu}{\mu}\right)^2}}$$

如选择方波作为输入信号,并使带通滤波器的中心频率 f_0 等于方波的基波频率 f,则此电路只允许基波通过,其他谐波受到抑制,输出端便为基波正弦信号。保持方波的振幅、频率不变,调节图 15-1 中两个电阻 R 的数值,使带通滤波器的中心频率等于某次谐波的频率,则输出的电压即为某次谐波的电压。

方波的三角级数形式为

$$U = \frac{4U_m}{\pi}\left(\sin\omega t + \frac{1}{3}\sin 3\omega t + \frac{1}{5}\sin 5\omega t + \cdots + \frac{1}{K}\sin K\omega t\right)$$

周期信号的谐波还可以用示波器的数字滤波功能进行测量与分析。

三、实验设备(见表 15-1)

表 15-1

名　称	规　格	数　量
示波器	DS1022CD	1 台
三路直流稳压电源	0 ~ 30 V	1 台
毫伏表	SH1911D	1 台
函数发生器	FO5 型	1 台
实验箱	自制	1 个

四、注意事项

(1) 保持输入电压 $U_1 = 260$ mV。

(2) 使 $R_1 < 2R_2$,否则滤波器产生振荡。

(3) 若输出波形失真,则应重新调节 R_1。

(4) 每个实验箱的运算放大器放大倍数不同,应仔细调整电路参数。

(5) 防止运算放大器的输出端(实验箱的输出接线柱)短路,防止 ±12 V 电源接错,防止 ±12 V 公共地线断开。

五、思考题

(1) 如何计算文氏电桥电路电阻 R?

(2) 如何使用数字示波器的 Y 通道输入数字滤波功能来分析观察、测量周期信号的谐波分量?

六、实验内容

(1) 将直流稳压电源调为 ±12 V,然后关掉电源。从函数发生器输出频率为 240 Hz,幅度为 260 mV 的方波信号,作为输入激励信号。使双踪示波器做好双通道输入的准备,显示两条扫描线。交流毫伏表量程置 3 V 以上。

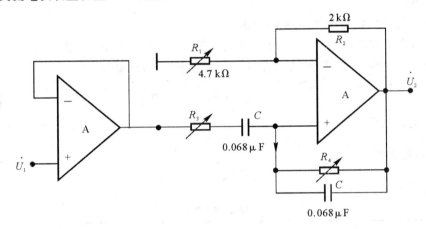

图 15-2

(2) 图 15-2 所示为实验电路。实验箱面板如图 15-3 所示。

1) 将两个可变电阻箱用导线分别连接至 R_3 和 R_4 的接线柱上。

2) 函数发生器的输出电缆黑夹子接地,红夹子接"输入"接线柱上。

3) 双踪示波器两个输入电缆分别接至输入及输出的接线柱上(黑夹子接地)。

4) 将 ±12 V 电源用导线连接至 ±12 V 接线柱。检查线路无误后,接通 ±12 V 电源及信号源。

5) 如果是模拟示波器,将示波器的扫描粗调置"1 ms/格",微调顺时针旋到底置"校准"位置,触发源置 CH1 或 CH2,方式开关置"DUAL",输入通道灵敏度旋钮置"0.1 V/格",探头置"×1",输出通道灵敏度旋钮置"5 V/格",探头置"×10"。如果是数字示波器,做好双通道使用的准备。

将两个电阻箱 R_3,R_4 的阻值分别调为 9 716.6 Ω,观察方波输入和输出的一次谐波波形。波形应该是正弦波。如果一次谐波的波形失真,可调节 R_1 电位器使之不失真,但幅度要达到最大。若谐波波形不正确,再次适当调节两电阻箱 R_3,R_4 的阻值,以使带通滤波器的中心频率完全对准方波一次谐波的频率,并将此阻值填入表15-1中,然后,用交流毫伏表测量输出电压 U_2 并填入表15-1中。

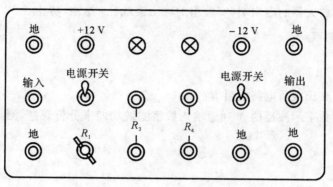

图 15 - 3　实验箱面板图

保持电位器 R_1 的阻值不变,用同样的方法调出 3 次、5 次、7 次谐波,并测量输出电压 U_2 填入表 15 - 1 中。

也可用上述方法测量三角波的幅度谱。

(3)用数字示波器的 MATH - FFT 功能观察记录 1 V 方波电压的频谱图。

(4)用数字示波器的数字滤波功能和 MATH - FFT 功能观察记录

$$\sin \omega t + \frac{1}{3}\sin 3\omega t + \frac{1}{5}\sin 5\omega t$$

的频谱图和时域波形。

七、实验报告内容

(1)填写表 15 - 1。

表　15 - 1

方波所含谐波分量次数		1	3	5	7
滤波器的中心频率 f_0/Hz		240	720	1 200	1 680
文氏电桥电阻 R	理论计算值				
	测量调整值				
滤波器的输出电压 U_2/V					

(2)根据实验数据用坐标纸绘出频谱图。

实验十六　黑箱子的测定
（综合性实验）

一、实验目的

（1）掌握测定无源单口网络（黑箱子）的方法。

（2）锻炼提高学生对电路结构的判断能力和对电路参数的测试能力。

二、黑箱子的介绍以及实验任务安排

1. 黑箱子的介绍

黑箱子是一个由电感、电容和电阻这三个元件中其中两个元件以串联或并联形式组合在一起形成黑箱子内部电路，封装在一个盒子里面，由两个测试端子引出，可以通过外特性测试，确定内部电路结构的实验盒。每个黑箱子都有自己的编号。编号不重复。

黑箱子的内部参数范围：

电阻：$180\ \Omega \leqslant R \leqslant 220\ \Omega$，$P = 5\ W$，误差 5%；

电容：$9\ 000\ pF \leqslant C \leqslant 12\ nF$，误差 10%，耐压 $\geqslant 630\ V$；

电感：$L = 56\ \Omega + L_0$，单位为 mH，而且 $8\ mH \leqslant L \leqslant 12\ mH$，误差 5%。

2. 黑箱子测试实验任务

要求学生通过对黑箱子外特性的测试：① 判断、确定黑箱子内部的电路结构；② 判断、确定黑箱子内部的电路元件的确切值。

3. 黑箱子测试实验安排

本实验占 4 个实验学时。

（1）前 2 个学时由学生自行设计黑箱子测试方案，并且编写"黑箱子测试设计方案报告"，写在实验报告上。占 2 个学时的实验分。

（2）后 2 个学时做实验。做实验前老师要检查学生"黑箱子测试设计方案报告"的编写情况。没有编写"黑箱子测试设计方案报告"者不准做实验。有"黑箱子测试设计方案报告"，但编写不认真，不符合要求者，重新编写，直到符合要求为止。

（3）做黑箱子测定实验时，老师不讲课，学生根据自己写的"黑箱子测试设计方案报告"结合拿到的黑箱子做实验。当学生编写的"黑箱子测试设计方案报告"符合要求时，老师给学生发黑箱子，并且记录所发黑箱子的编号，以便评阅实验报告时使用。黑箱子测试完毕就可以走了。

（4）学生做完实验，获得实验数据，编写"黑箱子测试总结报告"。占 2 个学时的实验分。

（5）老师根据两个报告以及实验结果的正确性给总分。黑箱子结构错误者最少扣分 25%。损坏黑箱子，拆卸黑箱子，偷看黑箱子内部结构者，本实验为零分。

三、黑箱子测试方法提示

1.黑箱子内部结构的判断与确定

（1）用万用表测量黑箱子的端电阻，分析和判断黑箱子的内部结构。电容的直流电阻是无穷大；电感的直流电阻是 56 Ω，电阻的阻值为 180 Ω ≤ R ≤ 220 Ω。黑箱子是它们三个的串并联组合，端电阻的测试值自然是它们三个的串并联组合的结果。通过端电阻值的测试，可以确定部分黑箱子的内部结构或把黑箱子内部结构限定在两种结构范围内。

（2）方波响应法。通常从函数发生器输出方波信号加到由黑箱子 P 和电阻串联的电路输入端，用示波器观察电阻上的响应波形，如图 16-1 所示，选 R = 200Ω。响应波形的前后沿有充放电现象，就说明黑箱子内部是阻容结构。响应波形的前后沿如果没有充放电现象，就说明黑箱子内部是其他结构。进一步判断到底是串联还是并联可结合其他测试结果进行分析断定。

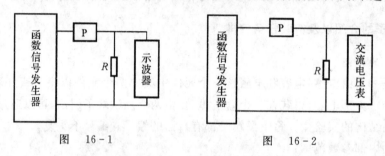

图　16-1　　　　　　　　　　图　16-2

（3）幅频特性测试法。通常从函数发生器输出正弦波信号加到由黑箱子和电阻串联的电路输入端，改变正弦波输入频率，用交流电压表测试输出正弦波的幅度，如图 16-2 所示。随着正弦波输出频率的增大，如果测试结果是单调增，说明黑箱子内部是阻容结构。如果测试结果是单调减，说明黑箱子内部是阻感结构。如果测试结果有拐点，或者说幅频特性是带通特性和带阻特性，说明黑箱子内部是容感结构。

（4）谐振法。谐振法使用的仍然是幅频特性测试法，如图 16-2 所示，假设函数发生器的内阻为 50 Ω，R = 200 Ω。如果测试结果有拐点，如图 16-3 和图 16-4 所示，说明黑箱子内部是容感结构。如果测试结果没有拐点，说明黑箱子内部是阻容结构或阻感结构。

如果是容感串联结构，幅频特性是一个带通选频特性，如图 16-3 所示。如果是容感并联结构，幅频特性是一个带阻选频特性，如图 16-4 所示。

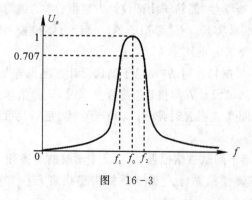

图　16-3

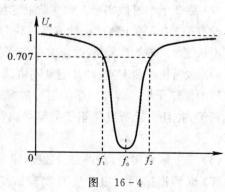

图　16-4

如果黑箱子内部是阻容结构或阻感结构,可给黑箱子外并联或外串联一个已知的电抗性元件,即已知电感或已知电容。如果电路经过测试没有谐振特性,说明黑箱子内部的那个电抗元件和已知电抗元件属性相同。如果电路经过测试具有谐振特性,说明黑箱子内部的那个电抗元件和已知电抗元件属性相反。

2.黑箱子元件参数的测试与确定

(1)用万用表测量黑箱子的端电阻。对于阻感并联结构、阻感串联结构和阻容并联结构的黑箱子,根据端电阻测量值可分析、推论、判断、计算出黑箱子内部的电阻值。

(2)谐振法。所谓谐振法,就是在黑箱子结构确定的情况下,给黑箱子并联或串联已知电抗元件,设计测试电路的参数,让测试电路发生谐振,然后测量出电路的幅频特性曲线或 3 dB 带宽,确定谐振频率,进一步计算出元件参数。

黑箱子内部是电感、电容和电阻的组合。对于具有选频特性的 LC 组合,仍要设计测试电路以及电路参数,让测试电路可以发生谐振,测试出幅频特性曲线或 3dB 带宽,确定谐振频率,进一步计算出未知元件参数。对于不具有选频特性的 RL 和 RC 组合,应给黑箱子串联或并联已知电抗元件,让电路倾向并联或串联谐振,设计测试电路以及电路参数,让测试电路发生谐振,测试出电路的幅频特性曲线或 3dB 带宽,确定谐振频率,进一步计算出未知元件参数。

根据实验室条件,假设函数信号发生器内阻为 50Ω。

1)对于阻容并联结构,给黑箱子并联(或者串联)一个已知电感 L_0,设计测试电路参数,让测试电路的品质因数大于等于1(最好大于5),这时电路必然发生谐振。测试多组数组,描绘出幅频特性曲线,确定谐振频率 f_0,根据已知电感 L_0 和 f_0 计算出电容 C 的值。

2)对于阻容串联结构,给黑箱子串联(或者并联)一个已知电感 L_0,设计测试电路参数,让测试电路的品质因数大于等于1(最好大于5),这时电路必然发生谐振。测试多组数组,描绘出幅频特性曲线,确定测试频率 f_0,f_1,f_2,先计算出品质因数 Q 值,结合已知电感 L_0 计算出电容 C 的值和电阻 R 的值。

3)对于阻感并联结构,给黑箱子并联(或者串联)一个已知电容 C_0,设计测试电路参数,让测试电路的品质因数大于等于1(最好大于5),这时电路必然发生谐振。测试多组数组,描绘出幅频特性曲线,确定谐振频率 f_0,结合已知电容 C_0 计算出电感 L 的值。

4)对于阻感串联结构,给黑箱子串联(或者并联)一个已知电容 C_0,设计测试电路参数,让测试电路的品质因数大于等于1(最好大于5),这时电路必然发生谐振。测试多组数组,描绘出幅频特性曲线,确定谐振频率 f_0,结合已知电容 C_0 计算出电感 L 的值。

5)对于容感串联结构,先按图 16-2 搭接电路,设计测试电路 R 的值,让测试电路倾向谐振,使得电路品质因数大于等于1(最好大于5),做一次幅频特性测试,测试多组数组,描绘出幅频特性曲线,确定谐振频率 f_{01}。最好再给黑箱子串联一个已知电感 L_0,设计测试电路参数,让测试电路的品质因数大于等于1(最好大于5),这时电路必然发生谐振。做第二次幅频特性测试,测试多组数组,描绘出幅频特性曲线,确定谐振频率 f_{02}。利用公式

$$\begin{cases} f_{01} = \dfrac{1}{2\pi\sqrt{LC}} \\ f_{02} = \dfrac{1}{2\pi\sqrt{(L+L_0)C}} \end{cases}$$

结合已知电感 L_0 计算出黑箱子内部的电感 L 和电容 C 的值。

6)对于容感并联结构,先按图 16-2 连接电路,设计测试电路 R 的值,让测试电路倾向谐振,使得电路品质因数大于等于 1(最好大于 5),做一次幅频特性测试,测试多组数组,描绘出幅频特性曲线,确定谐振频率 f_{01}。最好再给黑箱子并联一个已知电容 C_0,设计测试电路参数,让测试电路的品质因数大于等于 1(最好大于 5),这时电路必然发生谐振。做第二次幅频特性测试,测试多组数组,描绘出幅频特性曲线,确定谐振频率 f_{02}。利用公式

$$\begin{cases} f_{01} = \dfrac{1}{2\pi\sqrt{LC}} \\[2mm] f_{02} = \dfrac{1}{2\pi\sqrt{L(C+C_0)}} \end{cases}$$

结合已知电容 C_0 计算出黑箱子内部电感 L 和电容 C 的值。

四、如何写黑箱子测试设计方案报告

(1)分析并用图画出黑箱子内部有哪些结构组合。

(2)分析推论如果用万用表测量黑箱子的端电阻,有可能有哪些测试值?每一种测试值说明黑箱子内部是什么形式结构,或者每一种测试值说明黑箱子内部结构限制在哪些形式范围内?

(3)对于用万用表测试法不能完全断定黑箱子内部结构者,设计出进一步测试并断定黑箱子内部结构的测试连接电路图。直至完全确定黑箱子内部结构为止。每一个测试连接电路设计对应的一个测试数据表格,以便测试时使用。分析说明确定黑箱子内部结构的测试原理以及可能的测试结果预测(例如,幅频特性曲线形状)。根据预测结果进一步推论确定黑箱子内部结构。

(4)设计出每一种结构的黑箱子元件参数测试连接电路图以及电路参数,并说明测试原理。每一个测试连接电路设计对应的一个测试数据表格。预测每一种黑箱子元件参数测试连接电路的可能结果(例如,幅频特性曲线形状)。分析推论黑箱子元件的可能值。

(5)分析对于某些黑箱子不能直接测试出元件值的,说明利用什么原理,如何间接计算出黑箱子的元件值。

五、如何写黑箱子测试总结报告

(1)记录黑箱子的编号和端电阻测试结果。

(2)描述整个黑箱子测试过程,展示测试数据。根据测量数据数组在坐标系中描绘出测试电路的幅频特性曲线,获得品质因数、谐振中心频率,上限频率、下限频率等参数。

(3)根据测试结果判断分析黑箱子的内部结构。

(4)根据测试结果判断、分析、确定黑箱子的元件值。

(5)画出黑箱子的内部结构,并且标出元件值。

(6)通过黑箱子的测试,写出个人的心得或收获。

六、焦点

1. 必备知识

(1)必须提前安排黑箱子测试实验。

(2)黑箱子的基本组成以及测试要求。

(3)测试一个谐振电路和构造一个谐振电路有区别。

一个谐振电路指的是具有选频特性的,品质因数大于 1 的 RLC 电路。测试时只关心测量出频率特性曲线,获得谐振电路的参数。测试一个 RLC 电路意味着重新构造一个 RLC 电路。所构造的 RLC 电路可能是谐振的,也可能不是谐振电路。构造谐振电路的原则是:所构造的 RLC 电路它的品质因数要大于 1。

(4)你构造的谐振电路为什么没有峰值或没有选频特性?

即,在做实验时,你搭接的 RLC 电路表面上应该测试出选频特性,但是,就是测不出,为什么?总结起来有以下几个原因:①电感箱坏了;②电容箱坏了;③电阻箱坏了;④测试连线的问题,断了或没接通;⑤Q_9测试电缆坏了;⑥应该用正弦波做实验,而由于你的误操作,函数信号发生器没有输出,或输出的不是正弦波,比如,方波、调频波、调幅波等;⑦你构造的 RLC 测试电路品质因数小于 1,因而导致无法测出峰值或选频特性曲线;这里重点关注的因数有电阻箱、电感箱和电容箱的参数设置是否不准确、不合适;外接已知元件参数是否合适;⑧在做串联谐振实验时需要用两个交流毫伏表,有两个 Q_9 测试电缆,共地问题没有处理好,由于测试短路了一个或两个电路元件;⑨你所构造和测试的 RLC 电路忘了考虑函数发生器的内阻,假设函数发生器的内阻是 50Ω;⑩做测试时你所关注的测试频段有偏差,或者低了或者高了。正确的做法是电路输入正弦波频率从零到无穷变化,测量记录输出电压幅度。

(5)构造谐振电路有讲究

黑箱子的参数已经给定范围。对于阻容和阻感组合结构,构造测试电路时可以外接串联或并联已知元件,到底用哪一种呢?以构造的 RLC 电路满足 Q 值要求为准则。哪一种接法容易达到 Q 值得要求就用哪一种。

对于容感结构仍旧以构造的 RLC 电路满足 Q 值要求为准则。哪一种接法容易达到 Q 值的要求就用哪一种。这里要特别关注的一点是,已知电抗元件的外接要尽量避免频率特性曲线出现两个拐点。即构造的 RLC 电路尽量是一个峰值点。容感并联结构尽量外并电容,容感串联结构尽量外串联电感。如图 16-5 所示,这些连接均出现了两个拐点,不可取。如图 16-5(a)所示,LC 可发生并联谐振,同时 LC_0 可发生串联谐振,即出现了两个拐点,不可取。

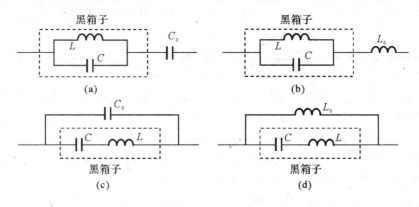

图　16-5

(6)反映一个谐振电路具有选频特性必须用测试结果来说明。

在对黑箱子的测量过程中,经常用 RLC 谐振来确定电路结构或确定电路元件参数。通常要求先对 RLC 电路进行频率特性测试,先测试多组数组,根据数组在坐标系中描绘出特性曲线。曲线直观地看出具有选频特性,才表示电路发生了谐振,才能用谐振频率,品质因数等谐振参数。如果曲线直观地看出不具有选频特性或没有峰值,表示电路没谐振,就不能用谐振频率,品质因数等谐振参数。

有些同学不做实验,或没有做出电路的选频特性,写报告时,只用文字描述说"我做了实验,电路谐振频率是多少",然后,根据自己造的频率,做黑箱子的结构判定或参数确定计算,这种做法是没有说服力的,老师不会给分。

(7) 为什么要给一个黑箱子做伏安特性曲线测试?

我们事先告诉大家黑箱子是由 RLC 三种元件组成的。实际上这是不正规的。正规的做法是告诉大家 R 是一个阻性元件。这个阻性元件用万用表可以测试出阻值,无法说明是线性电阻,还是非线性电阻。只有对它做伏安特性测试,才能最后确定。

对一个阻性元件做伏安特性只能用直流测试方法。不能用强电做。大家可以参考本书的实验一。

(8) 通常,串联谐振为什么要用两个交流毫伏表做测试,而并联谐振一般只用一个交流毫伏表做测试就可以了呢?

由于函数信号发生器具有一定的内阻,又 RLC 电路是频率的函数,当函数信号发生器输出正弦波的频率变化时,函数信号发生器的输出端电压会随着频率的变化而变化。按照定义,只有保持函数信号发生器的输出端电压为一个定值,改变正弦波输出频率,做电路频率特性测试。因此,对于 RLC 串联电路,要用两个交流毫伏表做测试,一个监视正弦波的输出,一个测量电阻上的电压值。对于 RLC 并联电路,通常函数信号发生器接在由电阻和黑箱子串联的电路输入端,用示波器或交流毫伏表测试黑箱子两端的电压。由于串联电阻值相对于函数信号发生器内阻值大得多,因此一个交流毫伏表做测试就够了。

(9) 注意用两个交流毫伏表做串联谐振测试时的共地问题。

在做 RLC 串联谐振测试时要用两个交流毫伏表,由于强电的连接关系,两个交流毫伏表的测试电缆 Q9 的黑夹子是同一个交流电位点。当测试电路的连接使得黑夹子没有接在同一个点时,就有可能由于测试连接的错误短路了一个或多个测试元件,从而导致测试做不出来或错误的测试结果。正确的做法是,调节 RLC 串联的次序,让两个交流毫伏表的黑夹子接在一起做测试。

(10) 函数信号发生器的内阻大小对测试电路的影响。

实验室的函数信号发生器均具有一定的内阻,大约 50Ω 左右。如果这个内阻等于零,函数信号发生器就是一个理想交流电压源,做谐振测试时,它的输出就不需要用交流毫伏表监视了。由于函数信号发生器具有一定的内阻,又 RLC 电路是频率的函数,当函数信号发生器输出正弦波的频率变化时,函数信号发生器的输出端电压会随着频率的变化而变化。故必须用两个交流毫伏表做测试,一个监视正弦波的输出,一个测量电路(或电阻)上的输出电压值。

(11) 幅频特性测试法与谐振测试法的区别。

严格地讲谐振测试法是幅频特性测试法的一个特例。幅频特性测试法是对任意电路做幅频特性测试。而谐振测试法是要构造一个谐振电路,并且测量其幅频特性。

(12) 怎样才能做好黑箱子测试实验?

1) 课前必须仔细阅读实验指导书。

2)仔细认真地写好"黑箱子测试设计方案报告"。

3)在做黑箱子测试时,第一件事是测量黑箱子的端电阻,测量完端电阻后,记录阻值,并且静静地、仔细认真地思考分析阻值,做好黑箱子内部结构的初步判断。如果根据端电阻值可以确定黑箱子的内部结构,就可以进一步做黑箱子参数测试。如果不能,就要考虑进一步搭接测试电路,做黑箱子内部结构的测试判断实验。在黑箱子内部结构断定后,下一步就是做黑箱子参数测量实验。首选要仔细认真地设计好黑箱子参数测试电路。最有效的黑箱子参数测试电路是 RLC 谐振电路。在设计 RLC 谐振电路时,一定要保证设计电路的 Q 值要求,一般大于等于 5。这里重点关注的是,RLC 谐振电路的 R 包括黑箱子外接电阻和函数信号发生器的内阻。设计完测试电路后,做 RLC 谐振电路的幅频数组测试,然后根据数组描绘特性曲线。看曲线判断电路选频特性,在具有选频特性的条件下,利用谐振参数,最后确定元件参数。如果曲线不具有选频特性,就要重新设计 RLC 电路参数,重新做测试。

4)做完实验后,学生应仔细认真地写好"箱子测试总结报告"。报告中应详细描述测试过程,展示记录测试数据,根据实验数据,做黑箱子的判断。最后画出带有参数的黑箱子内部结构。

5)报告书写要整齐,文字规范,图表直观、清晰。

七、实验设备(见表 16 - 1)

表 16 - 1

名　称	规　格	数　量
函数信号发生器	FO5 型	1 台
直流稳压电源	$0 \sim 30V$	1 台
示波器	DS1022CD	1 台
交流毫伏表	SH1911D	2 台
直流电压表	$0 \sim 30V$	1 个
直流电流表	$0 \sim 300mA$	1 个
黑箱子	自制	1 个
电阻箱	$0 \sim 9\,999\Omega$	1 个
电容箱	$0 \sim 1.111\,1\mu F$	1 个
电感箱	$0 \sim 100mH$	1 个

八、实验报告

(1)写出黑箱子测试设计方案报告。

(2)写出黑箱子测试总结报告。

实验十七　自行设计、搭接、调试、测试电路实验(综合性实验)

一、实验目的

(1) 加强学生的动手实践能力。

(2) 锻炼学生综合理论的应用能力。

二、实验内容

自行设计、搭接、调试、测试一个带宽为 10 kHz 的低通滤波器。推荐电路如图 17－1 所示。

(1) 选择电路模型,设计电路元件参数,动手搭接电路,设计测试方案。

(2) 测试低通滤波器的幅频特性,绘出曲线。

(3) 测试低通滤波器的相频特性,绘出曲线。

(4) 输入加一个 3 kHz 的方波,测试记录方波响应波形。

(5) 输入加一个 3 kHz 的三角波,测试记录输出波形。分析说明输出波形产生的原因。

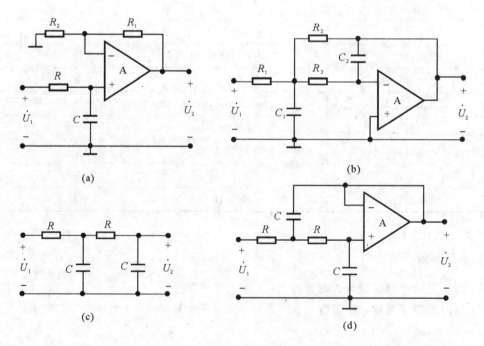

图　17－1

实验步骤：

(1) 按照实验内容的要求先写出"自行设计、搭接、调试电路"的设计报告。其中包括：测量方法、测量条款、测量数据记录空图表等(时间为 2 h)。

(2) 按照"设计报告"进行实践操作，搭接电路、测试电路，获取实验结果(时间为 2 h)。

三、实验设备(见表 17-1)

表　17-1

名　称	规　格	数　量
函数发生器	FO5 型	1 台
直流稳压电源	0 ～ 30 V	1 台
示波器	DS1022CD	1 台
交流毫伏表	SH1911D	2 台

四、实验报告内容

(1) 写出总结报告。

(2) 给出电路测量数据、图表等。

实验十八　常用电子仪器的使用

一、实验目的

学会正确使用直流稳压电源、示波器、函数发生器、交流毫伏表。

二、实验原理

直流稳压电源和直流电流源是一种直流功率输出设备,是生产实践、实验、调试电路不可缺少的电源输出设备。

电子示波器是一种图示测量仪器,用于观测电信号及其他物理量。它既可以定性观察电路的动态过程,也可以定量测量各种电参数。

函数发生器是一种提供电信号的装置,在科学研究及实验教学领域内,常作为激励源。它输出的各种电信号频率、幅度均为可调,因此,也同电子示波器一样,广泛应用于科学研究和科学实验中。

交流毫伏表是一种测量交流正弦电压的电子仪表。

这些常用电子仪器的基本原理与结构详见本书附录二。

三、实验内容

1. 直流稳压电源的使用

画出你所使用的直流稳压电源接成正、负电源输出的示意图。

2. 数字函数发生器的使用

(1)写出从数字函数发生器调出某个波形的操作步骤,如阶梯波。

(2)写出从数字函数发生器调出单位冲激序列 $\delta_T(t)$ 波形的操作步骤。

(3)写出从数字函数发生器调出内调制 AM 和内调制 FM 波形的操作步骤。

(4)写出从数字函数发生器调出外调制 AM 和外调制 FM 波形的操作步骤。

(5)写出将数字函数发生器调成计数器的操作步骤。

(6)写出将数字函数发生器从 A 通道输出调成 B 通道输出的操作步骤。

(7)将示波器面板上的方波校准信号送入数字函数发生器,作 AM 外调制,观察、记录、绘出输出波形。

3. 示波器的使用

(1)写出让示波器处于 X-Y 功能状态的操作步骤。从数字函数发生器的 A,B 通道输出一个正弦波和一个三角波送入示波器作 X-Y 功能合成。观察、记录、绘出输出波形。

(2)从数字函数发生器调出一个 1 kHz,1 V 的方波送入示波器。将示波器调在数字滤波输入状态。设置数字滤波器的带宽为 4 kHz。观察、记录、绘出输出波形。

(3)从数字函数发生器调出一个 1 kHz,1 V 的阶梯波送入示波器。写出把屏幕波形存入

USB 口存储器的操作过程。观察、记录、绘出输出波形。

4. 综合应用

(1)观察并测量正弦信号波形的 T、f 幅值,完成表 18 - 2。

(2)用示波器测量直流电压,完成表 18 - 3。

四、注意事项

(1)示波器荧光屏上不能长时间显示光点,会引起荧光涂层灼伤。

(2)辉度要适当,不能太亮。

(3)探头使用时不能用力拉扯,以免损坏。

(4)对示波器面板上各旋钮及开关,应尽量减少拨动次数,以免缩短寿命。

(5)函数发生器及直流稳压电源输出端不能短路,否则会毁损仪器。

(6)交流毫伏表通电前应使量程转换开关置 3 V 挡以上。

五、实验设备(见表 18 - 1)

表　18 - 1

名　称	规　格	数　量
示波器	DS1022CD	1 台
函数发生器	FO5 型	1 台
交流毫伏表	SH1911D	1 台
直流稳压电源	0～30 V,四路	1 台

六、实验报告内容

(1)填写实验数据表 18 - 2。

(2)填写实验数据表 18 - 3。

(3)列出实验数据及测试波形,并作误差分析。

表　18 - 2

函数发生器显示频率	500 Hz	1 kHz	2 kHz	5 kHz	10 kHz
调出所给峰峰值/V	5	6	7	8	4
示波器测正弦信号频率					
示波器测正弦信号周期					
毫伏表测量值/V					
示波器测量值/V					

表 18 - 3

直流稳压电源输出值	6 V	12 V	20 V
示波器测量值			
误差分析			

附录一 电气测量基本知识

1.1 测量的基本知识

一、测量的概念

所谓测量,是将两个同类的量进行比较的过程。这两个同类的量中,一个是已知并作为单位的量 A,另一个是未知的量 A_x。那么测量就是一个认识 A_x 的数量和性质的过程。

测量过程中有三个要素:测量对象、测量设备、测量方法。测量时应根据测量对象的要求确定测量设备和测量方法。

客观存在的实际值 A_0 与它的测得值 A_x 不一致的程度由测量误差来表示,测量误差是由测量设备和测量方法的缺陷造成的,测量误差可以减小,但不可能完全消除。

二、测量方法的分类

以测量结果的获得来划分,有以下三种测量方法。

1. 直接测量

在这种测量过程中,测量结果就是测量仪器上的读数。例如,用电压表测电压,用电流表测电流。

2. 间接测量

在此测量过程中,必须有两个以上的测量仪器的读数,并代入一定理论公式的计算,从而得到测量结果。例如用电压表、电流表、功率表测定电感线圈的参数 R,L,测定互感系数 M。

3. 组合测量

在这种测量过程中,测量结果至少在两个以上,测量次数等于测量结果的个数,每次测量必须有两个以上的读数,然后按照理论公式联立方程求解。例如,测量一个标准电阻的温度系数,需要利用某一温度下电阻值与温度之间的关系式:

$$R_t = R_{20}[1 + \alpha(t - 20) + \beta(t - 20)^2]$$

式中,R_t 与 R_{20} 分别为 t℃ 和 20℃ 时的电阻值;α 和 β 为电阻的温度系数。分别测三次,可得三种不同温度 t 和对应的电阻值 R。联立方程并求解,可得 α 和 β 的值。一般标准电阻上标出20℃ 时的电阻值。

以读数的获得来划分,有以下两种测量方法。

1. 直接法

直接从仪表(仪器)获得读数的方法为直接法。

2. 比较法

应用已知量(通常为度量器)和被测量进行比较求得读数的方法为比较法。

三、测量质量的指标

1. 准确度

实际值 A_0 与测得值 A_x 不一致的程度为测量误差,其大小用准确度表示。误差小,准确度就高。

2. 精确度

精确度简称精度。对某一个量作数次测量,各次测量结果差异的大小,用精度表示。差异小,就说明测量的精度高。

3. 灵敏度

在测量中,当被测量有一个增量 ΔA 时,测量仪器的指示有相应的增量 Δa。Δa 与 ΔA 的比值为灵敏度,即

$$S = \frac{\Delta a}{\Delta A}$$

当 $\Delta A \to 0$ 时,有

$$S = \lim_{\Delta A \to 0} \frac{\Delta a}{\Delta A} = \frac{\mathrm{d}a}{\mathrm{d}A}$$

例如:将 $1~\mu A$ 的电流引入某一电流表,引起该表 2 小格的偏转,则此表的灵敏度

$$S = 2~格~/\mu A$$

仪表常数 C 为灵敏度的倒数,即

$$C = \frac{\mathrm{d}A}{\mathrm{d}a} = \frac{1}{S}$$

例如:上述电流表的仪表常数为

$$C = \frac{1}{S} = 0.5~\mu A/~格$$

灵敏度和仪表常数反映了仪表对被测量对象的分辨力。仪表的灵敏度越高,则仪表常数越小,对被测量对象的分辨力越强。

1.2 测 量 误 差

一、测量误差的基本概念

任何一次测量,都不可避免地受到一些因素的影响,而这些因素又是极为复杂的。人们对自然界事物的运动规律的认识是有限的,所以不可能把影响测量的全部因素查清并排除,故测量误差是不可避免的。人们只能运用已掌握的科学知识,尽可能地减小测量误差,力求获得最佳测量结果。

测量误差按其性质,可分为以下三种形式。

1. 系统误差

测量数值及符号不随测量次数变化或者按一定规律变化的误差称为系统误差。

系统误差的来源有以下四个方面:

(1)工具误差。由测量装置自身的缺陷引起。如测量仪表的基本误差。

（2）安装误差。由测量装置安装或放置不当引起。如应水平放置的仪表没有水平放置。

（3）方法误差。由测量方案（所依据的理论或采用的方法）缺陷引起。

（4）个人误差。由操作人员自身的特点引起。如个人有不符合测量要求的某些习惯。

2. 偶然误差

测量数值具有随机特性的误差称为偶然误差。这些误差的出现无规律,仅在测量次数足够多时,误差值的分布满足统计规律。

引起偶然误差的因素如:电磁场的微变,气压、湿度的变化,频率的偶然波动等。

3. 疏失误差

由操作人员过失引起。如读数错误、记录错误、测量方法错误等。凡包含了疏失误差的测量结果,应舍去不用。

二、误差的定义

1. 绝对误差

设实际值为 A_0,测量值为 A_x。则

$$\Delta A = A_x - A_0$$

称为绝对误差。

2. 相对误差

相对误差是绝对误差 ΔA 与实际值 A_0 之比值,通常以百分数形式表示,即

$$\gamma = \frac{\Delta A}{A_0} \times 100\% \approx \frac{\Delta A}{A_x} \times 100\%$$

式中,A_x 为测量结果。相对误差通常用于衡量测量的准确度,相对误差越小,准确度越高。

3. 引用误差

相对误差可以说明测量结果与被测量实际值之间的差异程度,而引用误差是一种简化和实际方便的相对误差,可以说明仪表本身的性能。即

$$\gamma_m = \frac{\Delta A}{A_m} \times 100\%$$

式中,A_m 为仪表的满刻度值。电气测量指示仪表的准确度用引用误差表示,并在仪表的标度盘上示出,应用仪表的准确度可以估计测量误差。如果某仪表为 K 级,满刻度为 A_m,则此仪表在测量点 A_x 的最大相对误差为

$$\gamma = \frac{A_m}{A_x} K\%$$

例　用标准度为 0.5 级,量程为 5 A 的电流表,在规定条件下测量某一电流,读数为 2.5 A,求测量结果的最大相对误差。

解　测量结果的最大相对误差为

$$\gamma = \pm \frac{5}{2.5} \times 0.5\% = \pm 1\%$$

三、系统误差的估计

1. 直接测量中的系统误差

因仪表的基本误差造成测量结果的系统误差为

$$\Delta A = A_m \gamma_m$$

式中，A_m 为仪表量程；γ_m 为仪表准确度等级。

相对系统误差为

$$\gamma = \pm \frac{A_m}{A_x} \gamma_m$$

式中，A_x 为测量点。

2.间接测量中的系统误差

（1）被测量为几个量之和时，即

$$y = x_1 + x_2 + x_3$$

各个量的变化量 $\Delta y, \Delta x_1, \Delta x_2, \Delta x_3$ 之间存在以下关系：

$$\Delta y = \Delta x_1 + \Delta x_2 + \Delta x_3$$

若将各个量的变化量看做绝对误差，则相对误差为

$$\frac{\Delta y}{y} = \frac{\Delta x_1}{y} + \frac{\Delta x_2}{y} + \frac{\Delta x_3}{y}$$

被测量最大相对误差应出现在各个量的相对误差均为同一符号的情况下，并用 γ_y 表示，则有

$$|\gamma_y| = \left| \frac{\Delta x_1}{y} \right| + \left| \frac{\Delta x_2}{y} \right| + \left| \frac{\Delta x_3}{y} \right| = \left| \frac{x_1 \gamma_1}{y} \right| + \left| \frac{x_2 \gamma_2}{y} \right| + \left| \frac{x_3 \gamma_3}{y} \right|$$

式中，$\gamma_1 = \frac{\Delta x_1}{x_1}, \gamma_2 = \frac{\Delta x}{x_2}, \gamma_3 = \frac{\Delta x_3}{x_3}$ 为 x_1, x_2, x_3 各量的相对误差。

由以上各式可以看出，数值较大的量对和的相对误差的影响也较大。

（2）被测量为两个量的差时，即

$$y = x_1 - x_2$$

若从最不利的情况来考虑，最大相对误差可以推导得出相同的结果，即

$$|\gamma_y| = \left| \frac{x_1}{y} \gamma_1 \right| + \left| \frac{x_2}{y} \gamma_2 \right|$$

当 x_1 与 x_2 数值非常接近时，即使各个量的相对误差较小，被测量的相对误差也可能很大，所以这种情况的测量应该尽量避免。

（3）被测量等于多个量的积或商时，即

$$y = x_1^{n_1} x_2^{n_2}$$

式中，n_1, n_2 分别为 x_1, x_2 的指数，对上式两边取对数，有

$$\ln y = n_1 \ln x_1 = n_2 \ln x_2$$

再微分，得

$$\frac{dy}{y} = n_1 \frac{dx_1}{x_1} + n_2 \frac{dx_2}{x_2}$$

于是，测量的最大相对误差为

$$|\gamma_y| = |n_1 \gamma_1| + |n_2 \gamma_2|$$

1.3　有效数字和运算规则

在测量和数字计算中用几位数来代表测量或计算结果是很重要的，它涉及有效数字和计

算规则的问题。

1. 有效数字的概念

在记录测量数值时,用几位数字来表示呢? 下面通过一个具体的例子来说明,一个 $0 \sim 50$ V 的电压表在两种测量下指示结果是:第一次指针在 $42 \sim 43$ V 之间,可记作 42.5 V,其中数字 42 是准确可靠的,称为可靠数字,而最后一位"5"是估计的不可靠数字(欠准数字)。两者合称为有效数字。通常只允许保留一位不可靠数字。对 42.5 这个数来说,有效数字是三位。第二次指针在 30 V 的地方,应记为 30.0 V,这也是三位有效数字。数字"0"在数中可能是有效数字,也可能不是有效数字。例如,42.5 V 还可写成 0.042 5 kV,这时,前面的两个"0"仅与所用的单位有关,不是有效数字,该数的有效数字仍为三位。对于读数末位"0"不能任意增减,它是由测量设备的准确度来确定的。

2. 有效数字的正确表示

(1)记录测量数据时,只保留一位不可靠数字。通常,最后一位数字可能有 ± 1 个单位或 ± 0.5 个单位的误差。

(2)在所有算式中,常数(如 π,e 等)及乘子(如 $\sqrt{2}$,1/3 等)的有效数字可以没有限制,在计算中需要几位就取几位。

(3)大数值与小数值要用幂的乘积形式来表示,例如,测得某电阻的阻值是 15 000 欧姆,有效数字为 3 位,则记为 $1.50 \times 10^4 \Omega$,不能记为 15 000 Ω。

(4)表示误差时,一般只取一位有效数字,最多取两位有效数字。如 $\pm 1\%$,$\pm 1.5\%$。

3. 有效数字的修约(化整)规则

在有效数字的位数确定后,多余的位数应一律舍去,其规则如下:

(1)被舍去的第一位数小于 5,则不变。例如,把 0.13 修约到小数点后一位数,结果为 0.1。

(2)被舍去的第一位数大于 5,则末位数加 1。例如,把 0.78 修约到小数点后一位数,结果为 0.8。

(3)被舍去的第一位数等于 5,而 5 之后的数不全为 0,则末位加 1。例如,把 0.450 1 修约到小数点后一位数,结果为 0.5。

(4)被舍去的第一位数等于 5,而 5 之后的数全为 0,则末位数为偶数时,末位数不变,末位数为奇数时,末位数加 1。例如,把 0.250 和 0.350 修约到小数点后一位数,结果分别为 0.2 和 0.4。

4. 有效数字的运算规则

处理数据时,常常需要运算一些精确度不等的数值,按照一定的规则计算,既可以提高计算速度,也不会因有效数字过少而影响计算结果的精确度。常用规则如下:

(1)加减运算时,各数所保留的小数点后的位数,一般应与数中小数点后位数最小的相同。例如 13.6,0.056 和 1.666 相加,小数点后位数最小的是一位(13.6),所以,应将其余二数修约到小数点后一位数,然后相加,即

$$13.6 + 0.1 + 1.7 = 15.4$$

为了减少计算误差,也可在修约时多保留一位数,即

$$13.6 + 0.06 + 1.67 = 15.33$$

其结果为 15.3。

（2）乘除运算时，各因子及计算结果所保留的位数，一般以百分误差最大或有效数字位数最小为准。例如 0.12，1.057 和 23.41 相乘，有效数字位数最小的是两位（0.12），则

$$0.12 \times 1.1 \times 23 = 3.036$$

其结果为 3.0。

同样，为了减少计算误差，也可多保留一位有效数字，即

$$0.12 \times 1.06 \times 23.4 = 2.976\ 48$$

其结果为 3.0。

应用电子计算器运算时，计算结果的位数同样按上述原则进行，不能因计算器上显示几位就记录几位。

附录二　常用电工仪表及电子仪器

2.1　电工仪表的基本知识

电气测量指示仪表包括模拟式仪表和数字式仪表两大类。模拟式仪表是将被测量变换为人们能够感知的机械位移,并通过指示器指示出被测量的值。这类模拟式仪表也被称为电工仪表。电工仪表以其简单、稳定、可靠的特点,仍在工、农业生产及科研教学领域里被广泛应用。

一、电工仪表的分类

(1)根据仪表测量机构,分为磁电系、电磁系、电动系、感应系、静电系五大类。

(2)根据被测量的名称,分为电流表(俗称安培表、毫安表、微安表)、电压表(俗称伏特表、毫伏表)、功率表、功率因数表、兆欧表,以及各种多用途仪表,如万用表等。

(3)根据被测电流的种类,分为直流仪表、交流仪表、交直流两用仪表。

此外,还可按仪表的准确度等级划分,电工仪表的准确度用引用误差之值表示,我国电工仪表分七级:0.1,0.2,0.5,1.0,1.5,2.5,5.0。

二、电工仪表的主要技术要求

1. 准确度

说明仪表指示值与实际值的偏离程度。准确度高,系统误差就小。

2. 精度

仪表重复测量恒定的被测量,所得测量值之间的误差愈小,仪表精度愈高。

3. 稳定性

外界环境发生变化,如温度、湿度、电磁场的变化,以及仪表内部部件性能的变化,对指示值有所影响。指示值变化愈小,仪表的稳定性愈高。

4. 灵敏度

灵敏度反映仪表能够测量的最小被测量,所以仪表要具有适合于被测量的灵敏度。

5. 线性度

被测量与仪表指针偏转角之比与正比的接近程度为线性度。它反映仪表的输出-输入关系的特性。仪表的良好输出-输入特性,是直线特性。

6. 仪表的绝缘电阻、稳压能力和过载能力

为了保证使用安全,仪表应有足够高的绝缘电阻和耐压能力。绝缘电阻是指仪表及附件中的所有线路与它的外壳间的绝缘电阻。耐压能力是指这一绝缘电阻所能承受的实验电压的数值。一般仪表均有耐受短时间过载的能力。

三、电工仪表的表面标记

每个电工仪表的表面都有表面标记,表示仪表的基本技术特性,只有在识别它们之后,才能正确地选择和使用仪表。

图 2-1-1 中的表面标记(参阅表 2-1-1)表明该表为交直流两用,电磁系数测量机构、准确度等级为 0.5、防御外磁场的能力为 Ⅱ 级,绝缘强度实验电压为 2 kV,使用时水平放置。

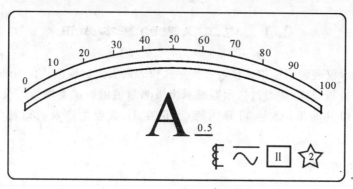

图 2-1-1 电流表的面板图

常见的电工仪表表面标记见表 2-1-1。

表 2-1-1

A. 仪表测量机构符号

名　称	符　号	名　称	符　号
磁电系仪表		铁磁电动系仪表	
磁电系比率表		铁磁电动系比率表	
电磁系仪表		感应系仪表	
电磁系比率表		静电系仪表	
电动系仪表		整流式仪表	
电动系比率表		热电式仪表	

B. 电流种类符号

名　称	符　号	名　称	符　号
直流		交流(单相)	
交直流		三相交流	

C. 准确度等级符号

名　　称	符　　号	名　　称	符　　号
以标度尺量限百分数表示,例如 1.5 级	1.5	以指示值的百分数表示,例如 1.5 级	⬤1.5
以标度尺长度百分数表示,例如 1.5 级	∨1.5		

D. 工作位置符号

名　　称	符　　号	名　　称	符　　号
标度尺位置为垂直	⊥	标度尺位置与水平面倾斜成一角度。例如 60°	∠60°
标度尺位置为水平	⊓		

E. 绝缘强度符号

名　　称	符　　号	名　　称	符　　号
不进行绝缘强度实验	☆0	绝缘强度实验电压 2 kV	☆2

F. 端钮、调零器符号

名　　称	符　　号	名　　称	符　　号
负端钮	—	与外壳相连接的端钮	⊥
正端钮	+	与屏蔽相连接的端钮	◯
公共端钮(多量限仪表和复用电表)	*	调零器	↷
接地用端钮	⏚		

G. 按外界条件分组符号

名　　称	符　　号	名　　称	符　　号
Ⅰ级防外磁场(例如磁电系)	⌂	Ⅳ级防外磁场及电场	Ⅳ　Ⅳ

续 表

名 称	符 号	名 称	符 号
Ⅰ级防外电场 （例如静电系）		A级仪表	（不标准）
Ⅱ级防外磁场及电场		B级仪表	
Ⅲ级防外磁场及电场		C级仪表	

2.2 万 用 表

万用表是一种多功能电工仪表,分为模拟指针式万用表和数字式万用表。模拟指针式万用表由磁电系测量机构及附加电路组成。数字式万用表一般由液晶数码屏显和附加电路组成。模拟指针式万用表一般可用来测量直流电流、直流电压、交流电压、电阻和音频电平等。数字式万用表除了具有模拟指针式万用表所具有的功能外,还可以进行短路测试、电容测试,直接进行二极管、三极管测试。甚至有些数字式万用可以进行信号波形的频率测试、计数、波形显示等。

一、模拟指针式万用表

模拟指针式万用表有三个组成部分:测量机构,转换开关,测量电路。

1. 测量机构

万用表的测量机构采用磁电系测量机构,利用载流线圈在永久磁场中受力的效应使指针发生偏转。通常磁电系测量机构最小电流量程为 $10\sim50~\mu A$。因此,采用此类测量机构做成的万用表,具有较高的灵敏度。

2. 转换开关

转换开关实现对不同测量电路的选择,以适应各种测量的要求。

3. 测量电路

（1）测量直流电压。

这种测量电路是由磁电系测量机构串联附加电阻而组成的。附加电阻的阻值根据电压量程确定,由下式决定:

$$U=\frac{R_f+R_b}{R_b}U_b$$

式中,U 为电压量程;U_b 为磁电系测量机构的端电压;R_b 为测量机构的内阻;R_f 为附加电阻。

（2）测量直流电流。

这种测量电路是由磁电系测量机构并联分流器而组成的。分流器电阻的阻值根据电流量程确定,由下式决定:

$$I=\frac{R_f+R_b}{R_b}I_b$$

式中,I 为电流量程;I_b 为测量机构量程;R_b 为测量机构的内阻;R_f 为分流器电阻。

(3)测量正弦交流电压。

磁电系测量机构适于直流测量,若用于测量正弦交流电压,必须加一整流电路,将正弦交流电压变换为半波或全波整流电压。此时测量偏转角度 α 反映整流电压的平均值,为了直接读出正弦值的有效值,在表盘刻度时,可乘上正弦波的波形因数。

正弦量的有效值 A 与平均值 A_p 的比值称为波形因数,即

$$K = \frac{A}{A_p}$$

半波整流的波形因数为

$$K = \frac{A}{A_p} = \frac{\frac{A_m}{\sqrt{2}}}{\frac{1}{\pi}A_m} = 2.22$$

式中,A_m 为正弦量的振幅。

全波整流的波形因数为

$$K = \frac{A}{A_p} = \frac{\frac{A_m}{\sqrt{2}}}{\frac{2}{\pi}A_m} = 1.11$$

国产 MF 系列的万用表及常见的 500 型万用表均采用半波整流电路,MF 系列万用表交流电压挡的附加电阻由下式决定:

$$R_f = \frac{U}{2.2} \times \frac{1}{I_b} - R_b$$

式中,U 为电压量程;I_b 为测量机构的量程;R_b 为测量机构的内阻。

(4)测量电阻。

如图 2-2-1 所示,若先不考虑 ab 支路,当 $R_x = R + R_b$ 时,测量机构中的电流为

$$I = \frac{E}{R + R_b + R_x} = \frac{E}{2(R + R_b)} = \frac{1}{2}I_b$$

式中,E 为 1.5 V 直流电压,由干电池供电;I_b 为测量机构的量程;R_b 为测量机构的内阻。通常把 $R + R_b$ 称为欧姆挡的中值电阻。可看出,欧姆挡的工作原理是通过测量电流 I 来测出未知电阻 R_x 的值。另外,要使测量机构中的电流 $I = 0$,必须使 $R_x = \infty$,因此欧姆挡的量程是无限的,标度尺刻度是非线性的。

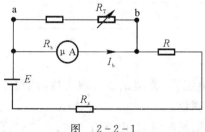

图　2-2-1

当干电池电压由于久用而减低时,仪表读数会出现错误。在测量机构的两端并一调节支

路,不仅扩大了测量机构的量程,而且使被扩大的量程可调。当干电池的电压较高时,将调节支路的 R_T 数值调小,反之调大。所以在使用欧姆挡之前,首先要在 $R_x=0$ 时调节 $R_T=0$,使测量机构作满量程指示,此示值表示被测量电阻为零。这一过程称为调零。

测量机构中的电流 I 与被测电阻 R_x 的关系见表 2-2-1。

表　2-2-1

$\dfrac{R_x}{R+R_b}$	0	1	2	3	4	5	...
$\dfrac{I}{I_b}$	1	1/2	1/3	1/4	1/5	1/6	...

4.模拟指针式万用表举例

MF47 型万用表使用的几点说明:

(1)MF47 型万用表的技术规范见表 2-2-2。

表 2-2-2　MF47 型万用表的技术规范

量限范围		灵敏度及电压降	精度	误差表示方法
直流电流	$0\sim0.05\mathrm{mA}\sim0.5\mathrm{mA}\sim$ $5\mathrm{mA}\sim50\mathrm{mA}\sim500\mathrm{mA}\sim5\mathrm{A}$	0.3V	2.5	以上量限的百分数计算
直流电压	$0\sim0.25\mathrm{V}\sim1\mathrm{V}\sim2.5\mathrm{V}\sim$ $10\mathrm{V}\sim50\mathrm{V}\sim250\mathrm{V}\sim$ $500\mathrm{V}\sim1\,000\mathrm{V}\sim2\,500\mathrm{V}$	20 000Ω/V	2.5 5	以上量限的百分数计算
交流电压	$0\sim10\mathrm{V}\sim50\mathrm{V}\sim250\mathrm{V}\sim$ $500\mathrm{V}\sim1\,000\mathrm{V}\sim2\,500\mathrm{V}$	4 000Ω/V	5	以上量限的百分数计算
直流电阻	$\mathrm{R}\times1\sim\mathrm{R}\times10\sim\mathrm{R}\times100\sim$ $\mathrm{R}\times1\mathrm{k}\sim\mathrm{R}\times10\,\mathrm{k}$	$\mathrm{R}\times1$ 中心刻度为 22Ω	2.5	以标度尺弧长的百分数计算
音频电平	$-10\mathrm{dB}\sim+22\mathrm{dB}$	0dB = 1mW,600Ω		
晶体管电流放大倍数	$0\sim300h_{\mathrm{FE}}$			
电　感	$20\sim1\,000\mathrm{H}$			
电　容	$0.001\sim0.3\,\mu\mathrm{F}$			

(2) 电阻的测量。

转动开关至所需测量的电阻挡,将测试棒二端短接,调整零欧调整旋钮,使指针对准"0"欧姆上,然后分开测试棒进行测量。

测量电路的电阻时,应先切断电源,如电路有电容,则应先放电。

当检查电解电容器漏电阻时,可转动开关至 R×1 k 挡,测试棒红杆必须接电容器负极,黑杆接电容器正极。

(3) 音频电平测量。

在一定的负载阻抗上,用以测量放大器的增益和线路传送损耗,测量单位以 dB 表示。

音频电平与功率电压的关系式为

$$N_{dB} = 10 \lg \frac{P_1}{P_2} = 20 \lg 10 \frac{V_1}{V_2}$$

音频电平的刻度系按 0 dB＝1 mW,600Ω 传送线标准设计。

即

$$V_1 = \sqrt{PZ} = \sqrt{0.001 \times 600} = 0.775 \text{ V}$$

P_2,V_2 分别为被测功率和被测电压。

音频电平是以交流电压 10 V 为基准刻度,如指示值大于 2 dB 时可以在 50 V 以上各量限测量,其值可按表 2-2-3 所示值修正。

表　2-2-3

量　限	按电平刻度增加值	电平的测量范围
10 V		—10 ～＋22 dB
50 V	14 dB	＋4 ～＋36 dB
250 V	28 dB	＋18 ～＋50 dB
500 V	34 dB	＋24 ～＋56 dB

测量方法与交流电压的测量方法基本相同,转动开关至相应的交流电压挡,并使指针有效大偏转。如被测量电路中带有直流电压成分时,可在“＋”插座中串联一个 0.1 μF 的隔直流电容。

(4) 电容测量。

转动开关至交流 10 V 的位置,被测电容串联于任意测试棒,跨接于 10 V 交流电压电路中进行测量。

(5) 电感测量。

与电容测量方法相同。

(6) 晶体管直接参数的测量。

1) 直流放大倍数 h_{FE} 的测量。

先转动开关至晶体管位置上,调节 ADJ,将红、黑测试棒短接,调节欧姆电位器,使指针对准 300 h_{FE} 刻度上,然后转动开关到 h_{FE} 位置,将要测量的晶体管管脚分别插入晶体管测试座的 ebc 管座内,指针偏转所示数值为晶体管的直流放大倍数 β 值。注意:N 型晶体管应插入 N 型的管孔内,P 型晶体管应插入 P 型的管孔内。

2) 反向截止电流的测量。

I_{ceo} 为集电极与发射极间反向截止电流(基极开路),I_{cbo} 为集电极与基极间的反向截止电流(发射极开路)。转动开关至 Ω×1 k 挡,将测试棒短路,调整零欧姆电位器,使指针对准零欧姆刻度线上(此时满刻度电流为 60 μA)。分开测试棒,然后将欲测的晶体管的管脚插入管座的孔内。测试 I_{cbo} 时,将三极管的 b 极插入管座的 e 孔内,c 极插入管座的 c 孔内,此时表针指示的数值即为晶体管反向截止电流 I_{cbo}。测试 I_{ceo} 时,将三极管 e 极插入管座的 e 孔,三极管的

c 极插入管座的 c 孔,此时表针指示值即为 I_{ceo}。N 型晶体管应插入 N 型管座内,P 型晶体管应插入 P 型管座内。

3)三极管极性的判别。

三极管管脚极性的判断,用 $\Omega \times 1$ k 挡进行,PN 接的反向电阻很大,而正向电阻很小。测试时可任取三极管一脚为基脚(假定)。将红测试棒接"基极",黑测试棒分别去接触另外两个管脚,如果此时表指示都是低电阻,则红测试棒所接管脚为三极管基极 b,并且该管是 PNP 型;当两次测试的阻值都很高时,红测试棒所接管脚仍为基极,但此时三极管是 NPN 型管;如果两次测试的差值比较大,可选另一管脚做"基极",直到满足上述条件为止。

在确定了基极 b 以后,再判断集电极 c。对 PNP 型三极管,当集电极接负电压,发射极接正电压时,电流放大倍数才比较大。而 NPN 型则相反,测试时假定红测试棒接集电极 c,黑测试棒接发射极 e,记下阻值。将红、黑测试棒交换测试,测得的阻值与第一次阻值相比,阻值小的红测试棒接的是集电极 c,黑测试棒接的是发射极 e,而且可判断是 P 型管(N 型管则反之)。

注意:对三极管进行测试时,一般只能用 $R \times 100$,$R \times 1$ k 挡进行测试,如果用 $R \times 10$ k 挡时,表内 10.5 V 的电压可能损坏晶体管,若用 $R \times 1$ 挡测量,因电流过大,约 60 mA,也可能损坏管子。

(7)注意事项。

1)测量高压或大电流时,应在切断电源的情况下变换量程,以免损坏电表。

2)测未知电压或电流时,应先选择最高量限,待第一次读取数值后,方可转至适当位置以得到较准确读数并避免烧坏电表。

3)测量高压时,要站在干燥绝缘板上并单手操作,以防止发生意外。

二、数字式万用表

数字式万用表是模拟指针式万用表的数字化、智能化以及数字显示的数码化、屏幕化。它将输入测试参量通过 A/D 转换变为数字信号,进行处理和显示。其特点是数据显示直观、操作方便,另外比模拟指针式万用表的功能要多一些。通常数字式万用表的功能有:直流电压测量,直流电流测量,交流电压测量,交流电流测量,电阻测量,电容测量,短路测量,二极管测量,晶体三极管测量等。

图 2-2-2 所示为 VC98 数字万用表的外形图。

VC98 数字万用表的技术性能:

(1)直流电压测量:

输入阻抗:10 MΩ;

测量范围:10 μV～1 000 V。

(2)交流电压测量:

输入阻抗:2 MΩ;

测量范围:10 μV～700 V。

(3)直流电流测量:

最大测量压降:200 mV;

最大输入电流:20 A;

测量范围:0.1 μA～20 A。

(4)交流电流测量：

最大测量压降：200 mV；

最大输入电流：20 A；

测量范围：0.1 μA～20 A；

频率响应：40～200 Hz。

(5)电阻测量：0.01 Ω～20 MΩ。

(6)电容测量：

测试频率：400 Hz；

测量范围：0.1 pF～200 μF。

(7)频率测量：

输入灵敏度：120 mV 有效值；

测量范围：1 Hz～200 kHz。

(8)二极管及通断测试。

(9)晶体三极管 h_{FE} 参数测试。

(10)电导测试。

图 2-2-2　VC98 数字万用表

2.3　低功率因数功率表

功率表用来测量交流电路的平均功率，也可以测量直流电路中的功率，通常采用电动系测量机构。

电动系测量机构的固定线圈串联接入电路，通过固定线圈的电流就是负载电流 i，因此称固定线圈为功率表的电流线圈。电动系测量机构的可动线圈串联附加电阻后与电源电压并联或与被测负载并联，因此称可动线圈为电压线圈，电压线圈与电流线圈均有引出端，连接到仪表外壳的接线柱上。

根据电动系仪表静态力矩平衡公式，可知功率表偏转角 α 与电压 u 和电流 i 的关系为

$$\alpha = K \frac{1}{R_f} ui$$

式中，u 为电源电压，与负载端电压相等（设电流线圈的阻抗为零）；i 为负载电流；R_f 为电压线圈串联的附加电阻（电压线圈的感抗远比 R_f 小，当 K 设计为一常数 $\frac{\partial M_{12}}{\partial \alpha}$（$M_{12}$ 为电流线圈与电压线圈的互感）时，偏转角 α 与负载功率成正比。

交流电路的平均功率 $P = UI\cos\varphi$，当电路的 $\cos\varphi$ 很小时，相应的功率值也小，用普通的功率表进行测量，偏转角 α 就小（普通功率表按 $\cos\varphi = 1$ 刻度）。

由于转矩力矩小，其他因素就产生很大影响。如：功率表本身的功率损耗，表中轴承与轴尖的摩擦，以及电压线圈支路电流与电压的相位差角误差等，从而给测量结果带来不能容许的误差。所以在功率表中采取减小上述误差的措施，即低功率因数功率表。

在 D34-W 型功率表中，采取的是补偿电容法。所谓补偿电容法，是在电压线圈支路 R_f 的一部分上并联一个电容器 C，使此支路由原来的感性变成纯电阻性，以消除角误差。

D34-W 型功率表电流线圈支路电路如图 2-3-1(a) 所示。连接片按实线接时,电流量程为 2.5 A;按虚线接时,电流量程为 5 A。电压线圈支路电路如图 2-3-1(b) 所示。

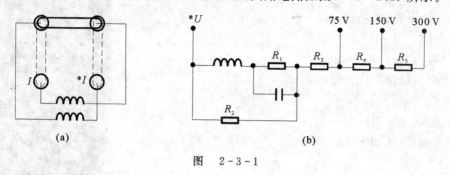

图　2-3-1

下面给出功率表使用的几点说明。

1. 遵守接线规则

图 2-3-2 所示为功率表的两种正确接线方式。它的正确接线规则为:

(1) 功率表标有 * 号的电流端必须接至电源的一端,另一电流端接至负载,电流线圈串联接入电路。

(2) 功率表标有 * 号的电压端,可以接至电流线圈的任一端,另一电压端则跨接至负载的另一端,电压线圈支路并联接入电路。图 2-3-2(a) 所示称为电压线圈前接,适于负载电阻远比电流线圈电阻大得多的电路;图 2-3-2(b) 所示称为电压线圈后接,适于负载电阻远比电压线圈支路电阻小得多的电路。

没有按照接线规则的错误接线,不仅会产生附加误差,使仪表无法读数,并且会严重地损坏仪表。

如果功率表正确接线,但指针反转时,可转动换向开关,改变电压线圈中电流的方向,使指针正向偏转。

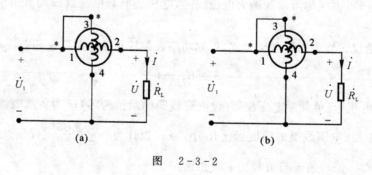

图　2-3-2

2. 量程的选择

功率表量程的正确选择,即必须保证电压线圈和电流线圈都不过载。绝不能根据仪表指针是否超过标度尺判断功率表是否过载。

3. 功率表的读数

功率表的标度尺只标有分格数,而不是瓦特数。被测功率按下式计算,即

$$P = C\alpha$$

式中，P 为被测功率，单位为 W；α 为指针偏转格数；C 为仪表常数，单位为 W/格。

仪表常数为

$$C = \frac{U_\mathrm{m} I_\mathrm{m} \cos \varphi}{\alpha_\mathrm{m}}$$

式中，U_m 为功率表电压线圈额定量程；I_m 为电流线圈额定量程；α_m 为标度尺总分格数；$\cos \varphi$ 为功率表额定功率因数。

例　用 D34-W 型功率表进行测量，电压量程选 300 V，电流量程选 2.5 A，α_m 为 150 格，功率表读数为 50（功率表 $\cos \varphi$ 为 0.2）。被测功率为

$$P = C\alpha = \frac{U_\mathrm{m} I_\mathrm{m} \cos \varphi}{\alpha_\mathrm{m}} = \frac{300 \times 2.5 \times 0.2}{150} \times 50 = 50 \text{ W}$$

2.4　示　波　器

一、示波器的分类

按产品分类，可分为通用示波器和记忆示波器。

按示波器荧光粉的余辉时间分，可分为长余辉示波器、中余辉示波器和短余辉示波器。长余辉示波器通常为 0～5 MHz 的示波器，用于测量和观察低频信号。中余辉示波器通常为小于或等于 30 MHz 的示波器，用于测量和观察中频信号。短余辉示波器通常为大于或等于 30 MHz 的示波器，用于测量和观察高频信号。

按示波器的垂直方式分，可分为单通道示波器（单踪示波器或单迹示波器）、双通道示波器（双踪示波器或双迹示波器）和多通道示波器（多踪示波器或多迹示波器）。单通道示波器同一时刻只能观察和显示一路信号波形。双通道示波器同一时刻可以观察和显示两路信号波形。多通道示波器同一时刻可以观察和显示多路信号波形。

按示波器的水平方式分，可分为单时基扫描示波器和双时基扫描示波器。单时基扫描示波器是一个锯齿波扫描信号负责完成一个或多个波形的扫描与显示。其特点是操作简单，但多个不同信号显示时同步困难。双时基扫描示波器是两个锯齿波扫描信号负责完成一个或多个波形的扫描与显示。其特点是水平操作方式复杂，但多个不同信号显示时同步容易一些。

按示波器对信号的处理方式分，可分为模拟示波器和数字示波器。模拟示波器其垂直方式采用宽动态范围和宽频带的模拟放大与显示，其水平方式采用锯齿波进行扫描与显示。而显示器多采用的是阴极射线管。其特点是电路简单，操作简单，显示亮度高，波形连续、光滑。数字示波器多采用的是周期性地对输入信号进行采样、量化和储存。显示器多采用 LED 发光阵列显示器、液晶显示器等显示器。波形按图像帧进行显示。其特点是电路集成度高，体积小，全数字化处理，可以与计算机和 Internet 网连接，进行智能的波形观察、测试、记录、监视与显示。

二、模拟示波器原理介绍

众所周知，示波器的分类很多，这里我们只介绍通用示波器中的模拟示波器。对于不同型号的示波器，其外形、面板设置（包括面板布局、旋钮设置、输入输出端口的设置等）、内部电路

技术组成、技术指标等都不会相同。但是，它们的波形显示原理、单元电路原理、功能实现原理、功能旋钮的设置、操作使用方法等基本是相同的。因此，在下面的介绍中，我们只介绍示波器的基本原理。举例时引用并覆盖实验室现有的示波器 YB4328L。

双踪单时基示波器的原理框图如图 2-4-1 所示。双踪双时基示波器的原理框图如图 2-4-2 所示。读者在学习时，可通过基本单元电路原理的学习，再结合示波器原理框图的学习融会贯通和掌握实用示波器的原理。

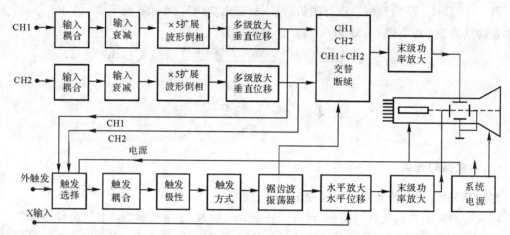

图 2-4-1　双踪单时基示波器原理框图

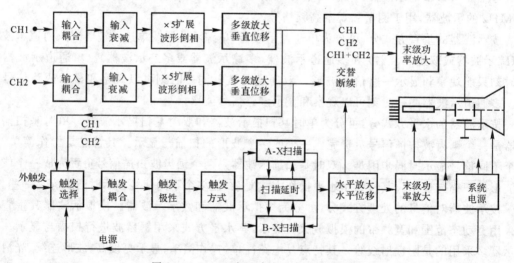

图 2-4-2　双踪双时基示波器原理框图

1. 示波管及示波器波形显示原理

示波器的示波管是阴极射线管。示波器的屏幕是由大约 1.5 cm 厚的玻璃钢制成的。屏幕的内侧涂了一层荧光粉。荧光粉受到电子撞击（轰击）时会发光。示波管的另一侧设置了可以发射电子束的电子枪。电子枪发射出来的电子束在高压电场的作用下射向屏幕内侧的荧光粉，从而发光，形成的是一个发光的亮点。为了让这个发光的亮点动起来，把波形勾勒出来，在电子束射向屏幕的半路上安装了两组相互平行的金属偏转板，一组是垂直偏转板（也称 Y

偏转板),另一组是水平偏转板(也称 X 偏转板)。如图 2-4-3 所示。当给两组偏转板加上交变电压时,偏转板之间就会形成交变电场,当电子束从偏转板之间通过时就会受到电场的作用而偏转(改变运动轨迹)。这样两组偏转板上加的电压就控制了发光点的运动。当给水平偏转板不加电压,给垂直偏转板加电压时,屏幕上就会显示一条垂直亮线。当给水平偏转板加电压,给垂直偏转板不加电压时,屏幕上就会显示一条水平亮线。

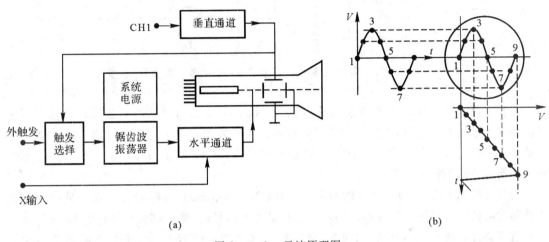

图 2-4-3 示波原理图

(a)示波器基本组成; (b)波形合成原理

通常给垂直偏转板加的是被测相关电压,那么,给水平偏转板加什么样的电压才合适呢?观察总结一下常见信号,几乎都是随时间变化的信号。要把这样的信号显示出来,该信号加在垂直偏转板的同时,必须在水平偏转板加一个既具有时间变化特征又能够代表时间的信号——锯齿波信号(见图 2-4-3(b))。在垂直通道不加测量信号,水平偏转板加一个锯齿波信号时,屏幕呈现出一条重复的从左到右的扫描线。因此,可以说被测信号是靠从左到右的发光点扫描、勾勒出来的。

为了在示波器屏幕上获得一个稳定的波形,水平偏转板上加的电压必须和垂直偏转板上加的电压相位保持同步。为了实现这个目的,通常从垂直通道取部分被测信号来同步触发锯齿波振荡器(见图 2-4-3(a))。

通常从电子枪发射出来的电子束打到屏幕上时是一个散焦的光点。为了扫描出清晰的波形,必须对电子束进行聚焦,还要能够控制示波器的波形亮度。因此,在示波器面板设置有相关的控制与调节旋钮,还有电源开关与指示,示波器光迹的显示等。常见的设置有:电源开关、电源指示、亮度(灰度)调节、聚焦、辅助聚焦、寻迹(光迹)、标尺亮度等。

2.示波器输入口(Input Interface)

示波器输入口指的是示波器信号输入端口。它包括垂直通道输入口:CH1(或 Y1)口、CH2(或 Y2)口;外触发输入口:EXT TRIG 口;水平通道输入口:X 口。有些示波器外触发输入口和水平通道输入口共用一个口。

图 2-4-4 所示是某示波器信号输入端口的等效电路。该输入口的输入阻抗为 $R_i =$ 1 MΩ,输入电容为 $C_i = 30$ pF,最大信号输入幅度为 400 V_{PP}。

3.示波器输入耦合(Input Coupling)

所有示波器信号输入端口都存在输入耦合问题。最为大家关注的是垂直输入耦合

——CH1,CH2 耦合。如图 2-4-5 所示为一垂直输入耦合口。K_c 为耦合控制开关。

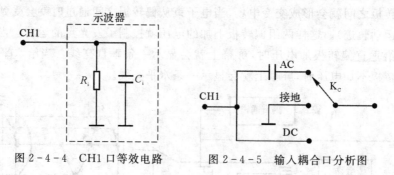

图 2-4-4　CH1 口等效电路　　　图 2-4-5　输入耦合口分析图

当开关打到 AC 的时候,通常称为交流耦合(AC Coupling),意味着只让输入信号中的交流信号进入示波器,不让输入信号中的直流信号进入示波器。由于直流信号进入示波器后会使显示波形在垂直方向上移动,因此,常常使用交流耦合(AC Coupling),使波形处在屏幕中央或先前位移所预置的位置。

当开关打到 DC 的时候,通常称为直流耦合(DC Coupling),意味着让输入信号中的直流信号和交流信号同时进入示波器。用示波器测量直流信号时,输入耦合必须打到 DC 挡。

当开关打到接地(GN)位置的时候,通常称为接地耦合(GN Coupling),意味着不让输入信号进入示波器,而是人为地给示波器输入一个 0V 的直流信号。此时,示波器显示波形应该是一条水平直线。这条水平直线既可以作为示波器寻迹使用,又可以作为直流测量的基准线。

4.示波器的输入衰减(Input Attenuation)

由于示波器屏幕大小有限,因此,末级功率放大器送到示波器偏转板上的电压也是有限的,在一定的范围内。示波器可测的信号范围小到毫伏级,大到百伏级。要让这么宽范围的信号在有限的屏幕内显示,就必须有多挡位的输入衰减器的配合才能实现。

图 2-4-6 所示为多挡位输入衰减器的电路图。可见其是由多挡位衰减器和一个多波段选通开关及一个微调旋钮组成的。微调旋钮有的示波器有,有的示波器没有;有时和多波段选通开关套装在一起,有时分开安装。

示波器的输入衰减器有不同的叫法。有人称它为示波器的垂直测量尺度、Y 轴测量尺度、Y 通道测量尺度或电压测量尺度。有人称它为示波器的垂直灵敏度开关、Y 轴灵敏度开关、Y 通道灵敏度开关或电压灵敏度开关。调节它可以适应不同大小电压范围的输入信号的观察与测量,因此称它为测量尺度是比较准确的。把示波器的垂直通道和示波管的偏转能力综合起来看,调节它可以适应不同大小电压范围的输入信号的观察与测量,因此,称它为灵敏度开关也是正确的。不管如何称呼它,其电路一样,实质一样,是一回事。

通常在示波器电压测量尺度旋钮的上方有"V/cm"或"VOLTS/DIV"的字样。"cm"指一厘米,"DIV"指一格,均指示波器屏幕上的格子,是一回事。"V"和"VOLTS"均指电压单位"V"。"V/cm"或"VOLTS/DIV"意味着在示波器屏幕上显示的波形,在垂直方向上每一格代表多少伏。当旋钮打到某个位置时,旋钮指示的值和 V/cm(或 VOLTS/DIV)合起来才得到了一个确切的电压测量尺度"? V/cm"(或? VOLTS/DIV)。还有人称"? V/cm"(或? VO-LTS/DIV)为示波器的偏转系数。例如,当测量尺度旋钮打到 50 mV 的位置时,所获得的电压测量尺度为"50 mV/DIV"。它意味着在示波器屏幕上显示的波形,在垂直方向上每一格代

表 50 mV。这样对于示波器屏幕上显示的波形,只要测量出波形在垂直方向上占的格数,再乘以电压测量尺度就可获得输入波形的实际幅度。

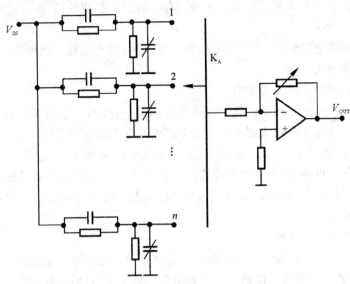

图 2 - 4 - 6　输入衰减分析图

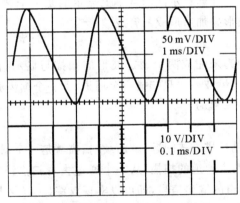

50 mV/DIV
1 ms/DIV

10 V/DIV
0.1 ms/DIV

图 2 - 4 - 7　波形范例

　　如图 2 - 4 - 7 所示,第一个近似正弦波峰峰之间占 4 格,示波器的电压测量尺度为 50 mV/DIV,于是,近似正弦波的幅度为 50 mV/DIV×4 格＝200 mV。第二个波形方波占 2 格,示波器的电压测量尺度为 10 V/DIV,于是,方波的幅度为 10 V/DIV×2 格＝20 V。

　　总之,我们可以利用示波器的电压测量尺度结合显示波形在垂直方向占的格数计算出显示波形的实际幅度。

　　在使用示波器电压测量尺度旋钮时应注意以下两点:第一,电压刻度分 mV 段和 V 段,不能把电压单位搞错;第二,只有微调旋钮打到校准(CAL)位置,即按箭头所指方向顺时针打到头,电压测量尺度才是标准的,才可以作定量测量,才是有意义的。微调旋钮没有打到校准(CAL)位置所作的数据测量是无意义的。

5. 示波器垂直通道的"×5 扩展"与波形倒相

示波器垂直通道的"×5 扩展"直观理解为将波形的垂直幅度扩大 5 倍,实际上是将垂直通道的电压放大倍数增加 5 倍。扩展的实现,有些通过按钮(或按键)来实现,有的是通过某些旋钮向外一拉来实现的。

用示波器观察测量波形时,有时需要将波形反个相,因此设置了倒相功能。实际上是用反相放大器将波形再放大一次。

6. 示波器通道的多级放大与位移

示波器垂直通道与水平通道的放大与位移基本是一样的,它是由多级的宽动态范围的直流放大器组成的。这种直流放大器通常是由多级的双电源供电的平衡式差分放大器组成的。

位移(Position)包括垂直位移(也称 Y 位移)和水平位移(也称 X 位移)。它是放大通道中调节直流电平高低的电路,也是示波器操作的一种行为。通常在示波器的面板上设置这样的可调节的旋钮,在该旋钮的旁边标有"⇔"或"⇕"的标志。调节它可以让示波器屏幕上的波形上下移动或左右移动。

7. 示波器的工作方式选择

示波器的工作方式选择是由一个多挡位的机械开关或电子开关完成的。

(1)"CH1"方式——即在示波器屏幕上显示的是从 CH1 口输入的波形。

(2)"CH2"方式——即在示波器屏幕上显示的是从 CH2 口输入的波形。

(3)"CH1+CH2"方式——即在示波器屏幕上显示的是一个波形,它是从 CH1 口输入的波形和从 CH2 口输入的波形叠加后形成的合成波形。

(4)"交替"方式。

大家知道,一个光点动起来完成两个通道波形的扫描与显示,自然有一个扫描方式的问题。"交替"扫描就是一个锯齿波一次只扫描一个通道,下一个锯齿波扫描下一个通道,从而可以实现双踪显示(见图 2-4-8(a))。

(5)"断续"方式。

"断续"方式仍然指的是扫描方式问题。"断续"扫描就是一个锯齿波在从左到右的一次扫描过程中同时交替地扫完两个通道的扫描,从一个通道去看扫描线就是断续的。无论扫描速度多大,都断续显示两个通道的输出信号,即可以实现双踪显示(见图 2-4-8(b))。

交替与断续扫描均可以实现双踪扫描与显示。但在使用时是有讲究的。交替扫描适用于观察高频信号,断续扫描适用于观察低频信号。两者不能搞反。

还有一些示波器设置了"双踪"方式,代替了"交替"和"断续"方式。在多挡位的扫描实现中,低频段使用"断续",高频段使用"交替",例如 YB4320 示波器就是这样的。

8. 示波器的末级功率放大器

示波器的末级功率放大器包括垂直末级功率放大器和水平末级功率放大器两部分,其电路组成和技术参数基本一样。它是一个宽动态范围的电压、功率放大器,通常采用双差分平衡放大。

9. 示波器的触发选择

示波器的锯齿波扫描发生器是一个被动的工作电路。它需要尖脉冲的触发才能扫描。一个尖脉冲的触发才能产生一次扫描。没有尖脉冲的触发就不扫描。因此,同步锯齿波的问题就成了一个触发问题。

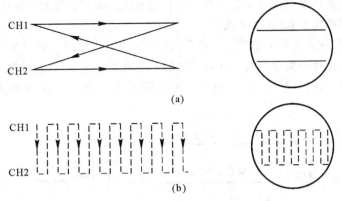

图 2-4-8　交替与断续扫描原理

(a)交替扫描；　(b)断续扫描

如图 2-4-9 所示,单时基扫描触发源可以是来自 CH1 通道的被测信号,也可以是来自 CH2 通道的被测信号,可以是 50 Hz 的电源信号,也可以是外接输入的同步信号。由于是单锯齿波触发扫描,因而同一时刻只允许 K_t 选择一路触发信号。如果选择多路就无法同步了。通常,绝大多数情况下选择内同步(CH1 或 CH2)。被测信号与电源相关时,选择"50 Hz 电源"同步。

双时基扫描示波器是由 A 锯齿波扫描发生器和 B 锯齿波扫描发生器组成的。用一套扫描触发系统作有选择的触发与同步。选择其中一个(比如 A)做主扫描发生器时,触发选择只对主(A)扫描发生器进行触发,次(B)扫描发生器处于延时触发扫描状态。当用双踪双时基示波器观察两个不相干信号时,可 A 扫描扫"CH1"通道,B 扫描扫"CH2"通道。通常 A 扫描的"CH1"通道容易同步,B 扫描的"CH2"通道不容易同步,需要进一步调节"时延"旋钮,才能较好地同步。

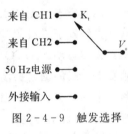

图 2-4-9　触发选择

10.示波器的触发耦合

示波器的触发耦合与示波器信号输入端口的耦合有相似之处,但物理意义上却复杂得多,可以看成是由一个多挡位的选择开关实现的。

(1)"AC"耦合——让触发信号通过一个隔直电容,即只让交流触发信号通过,不让直流触发信号通过。在示波器触发耦合的选择中,同步频率最高,使用最频繁。

(2)"DC"耦合——让交直流触发信号都进入示波器进行触发同步。

(3)"高频抑制"耦合——让交直流触发信号通过一个低通滤波器后进入示波器进行触发同步。

(4)"TV"耦合——专门用于测试与观察电视信号时的触发与同步。通常对输入的电视信号进行伴音干扰滤除,图像信号切割之后,用剩下的同步信号进行示波器的触发与同步。

触发耦合的选择没有优先级之说,只要能实现波形的稳定同步,选哪个都可以。通常"AC"耦合的同步频率最高,是首选。

11.示波器的触发极性

示波器的触发输入信号形形色色,有的正极性适用于触发,有的负极性适用于触发,分为"＋"和"－"两态,选哪一个只要同步效果好就行。实际上选择"＋"极性是让触发信号直通过去,选择"－"极性是将触发信号反了个相。还有的示波器没有设置触发极性这一功能。

12.示波器的触发方式(扫描方式)

示波器的触发方式也称示波器的扫描方式(SWEEP MODE)。它对应于锯齿振荡器的前面电路,主要是由选择开关完成的。并且不同的示波器设置也不尽相同,如图2-4-10所示。通常通过开关选择的信号要经过一个脉冲波形整形电路,产生一个尖脉冲去触发下一级的锯齿振荡器。

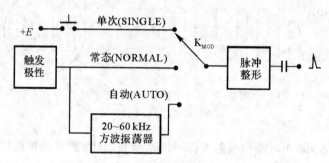

图 2-4-10　示波器扫描方式与电路等效

(1)"单次(SINGLE)"方式——即通过手动方式让示波器产生一次扫描。通常用来测量观察慢变化的信号或某些信号的前沿细节。使用"单次"扫描前需先按"复位"键。

(2)"常态(NORMAL)"方式——属于正常工作情况,对输入触发信号直接整形,产生尖脉冲去触发下一级的锯齿振荡器。适用于用示波器观察中高频信号。

(3)"自动(AUTO)"方式——由于开关选择的触发信号需要通过整形产生一个尖脉冲去触发下一级的锯齿振荡器,当示波器观察测量的是低频信号或者是直流信号时,就无法通过整形产生一个尖脉冲。因此,示波器就设置了一个 20～60 kHz 的方波振荡器,在输入触发信号的控制下"自动"产生一个定频交流脉冲信号,通过进一步的整形,产生尖脉冲,触发下一级的锯齿振荡器,"自动"进行同步与扫描。

由于"自动"扫描的特殊性,在用示波器测量和观察低频信号、直流信号时必须选择它。在示波器不测量信号或垂直通道没有输入信号时,自然没有触发输入信号,此时,必须选择它,使得在示波器屏幕上显示一个水平扫描线。

让垂直通道输入接地(即输入电压为零),选择它,结合位移旋钮的调节进行示波器的"寻迹",也是一个很好的应用。

13.示波器的锯齿波振荡器(X 扫描发生器)

示波器的锯齿波振荡器产生的每一个锯齿波都对应于示波器屏幕上的光点从左到右的一次扫描,因此,也把它称为 X 扫描发生器,简称 X 扫描。X 扫描发生器的简略示意图如图2-4-11所示。

(1)扫描产生原理。

在图 2-4-11 所示的 X 扫描发生器中,由 T_1 和 T_2 组成斯密特触发器。T_3 为电子开关,I_0 为恒流源,C_1 为锯齿波积分电容,T_4 为跟随器,T_5 为释抑放大器,IC_1 为释抑积分器,C_2 为释抑积分电容,T_6 为跟随器。

在没有信号输入时,T_1 截止,T_2 导通。T_2 的集电极保持低电平。T_3 电子开关截止。恒流源 I_0 给 C_1 充电,充至电源电压。斯密特触发器(T_1 的基极)有导通门限电平,需要脉冲触发才能翻转。当有输入脉冲触发时，T_{2C}产生一个正向方波脉冲。在这个正向方波脉冲期间，电子开关 T_3导通，C_1通过 T_3快速放电。正向方波结束后，电子开关关闭，恒流源 I_0再次给 C_1充电，充至电源电压，产生线性锯齿波。最后由 T_4跟随输出。

（2）释抑电路。

释抑的意思是自由振荡抑制。即利用输出锯齿波来抑制锯齿波的产生。在图 2-4-11 所示的电路中，T_5对锯齿波作进一步的放大，再由 IC_1组成的释抑积分电路对放大锯齿波进行二次积分，最后由 T_6跟随输出。由于积分电路的充放电时常数是一样的，因此，输出的波形近似对称三角波。

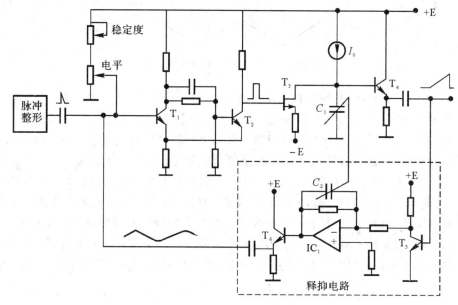

图 2-4-11 X 扫描电路原理示意图

（3）触发扫描。

如图 2-4-11 和图 2-4-12 所示，加在 T_{1B}基极的信号由三个信号组成，一个是由"稳定度"和"电平"旋钮调节的直流(a)电平电压，一个是前级整形输出的(c)尖脉冲，另一个是释抑电路输出信号(b)释抑信号，这三个信号叠加得到(d)合成信号。当有一个触发信号超过斯密特触发器的导通门限电平时，就产生一次扫描，如图 2-4-13 所示。当有一个脉冲(a)超过 T_1导通门限电平时，会在 T_{2C}产生(b)波形，在该波形的低电平期间恒流源给电容 C_1冲电，产生输出积分波形(c)，最后，再经过释抑电路产生近似三角波的释抑波形(d)，完成一次扫描。

（4）扫描的同步。

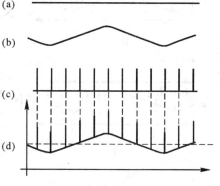

图 2-4-12 触发信号的合成

想在示波器屏幕上得到一个稳定的波形，就必须在同步信号的控制下进行扫描。首先正确地选择触发信号（通常是"内触发"），其次，选择好触发耦合（通常是"AC"）、触发极性（"＋"

或"－")、扫描方式(通常是"常态"),然后调节"电平"旋钮,就有可能获得一个稳定的波形。

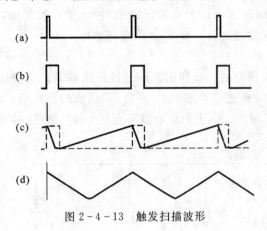

图 2-4-13 触发扫描波形

如图 2-4-14 所示,V_S 是斯密特触发器的导通门限电平,V_{L1},V_{L2},V_{L3},V_{L4} 是调节"电平"旋钮所获得的直流电压。调节"电平"旋钮,就有可能使触发信号超过斯密特触发器的导通门限电平,产生触发扫描。图(a)触发信号没有超过斯密特触发器的导通门限电平,不扫描,屏幕无显示。图(b)有一个触发信号超过斯密特触发器的导通门限电平,产生一个周期性的同步的扫描,屏幕上显示一个稳定的波形。图(c)有三个触发信号超过斯密特触发器的导通门限电平,产生三个周期性的同步的扫描,屏幕上显示三个稳定的波形。图(d)触发源选择的是一个和被测信号不同步的信号,虽然,有一个触发信号超过斯密特触发器的导通门限电平,产生一个周期性的扫描,但无法与被测信号同步,屏幕上只能显示一个不稳定的左右移动的波形。显然,图(b)是我们所追求的目标。总结一个示波器适用口诀是:"想让波形稳不动,选好触发调电平"。

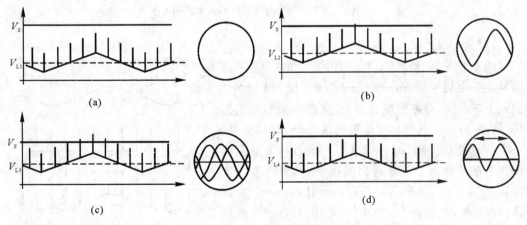

图 2-4-14 触发同步分析

另外,每台示波器都有"电平"旋钮的设置,这里不再叙述。

(5)示波器的扫描速度。

当一个锯齿波加到示波器的水平偏转板上时,产生一次从左到右的扫描。扫描速度的快慢取决于锯齿波的斜率大小。如图 2-4-11 所示,锯齿波的斜率取决于电流源给电容 C_1 充电时的充电时常数大小。充电时常数有多种选择,安装在以 C_1 为代表的多波段开关上。通常把这个多波段开关称为扫描速度开关。为了保证扫描的正常工作,还在此多波段开关上同时安装了释抑电容 C_2。这样 C_2 配合 C_1 一起改变,保证同步扫描。

示波器的扫描速度(开关)有不同的叫法,有人称它为示波器的水平测量尺度(开关)、X 轴测量尺度(开关)、示波器扫描时基(开关)或时间测量尺度(开关)。调节它可以适应不同频段的输入信号的观察与测量。不管如何称呼它,其电路一样,实质一样,是一回事。

通常在示波器的扫描速度的上方有"T/cm"或"SEC/DIV"的字样。"cm"指一厘米,"DIV"指一格,均指示波器屏幕上的格子,是一回事。"T"和"SEC"均指时间单位"秒"。"T/cm"或"SEC/DIV"意味着在示波器屏幕上显示的波形,在水平方向上每一格代表多少秒。当旋钮打到某个位置时,旋钮指示的值和 T/cm(或 SEC/DIV)合起来才得到了一个确切的时间测量尺度"? T/cm"(或? SEC/DIV)。它意味着扫描光点从左到右,每走"1 cm"花多长时间,或者对于一个稳定的波形来说,"1 cm"代表多少时间。这样对于示波器屏幕上显示的波形,只要测量出波形的一个周期在水平方向上占的格数,再乘以时间测量尺度就可获得输入波形的实际周期,进而可以换算出该波形的频率。

如图 2-4-7 所示,第一个近似正弦波的一个周期约占 3 格,示波器的时间测量尺度为 1 ms/DIV,于是,近似正弦波的周期约为 1 ms/DIV×3 格=3 ms。第二个波形方波占 2 格,示波器的时间测量尺度为 0.1 ms/DIV,于是,方波的周期为 0.1 ms/DIV×2 格=0.2 ms。

总之,我们可以利用示波器的时间测量尺度结合显示波形在水平方向占的格数计算测量出显示波形的实际时宽,比如,一个交流信号的周期等。

示波器的扫描速度通常带有微调旋钮,有的套装在一起,有的分开设置。

在使用示波器时间测量尺度旋钮时应注意以下四点。第一,时间刻度分为 μs,ms,s 三段,不能把时间单位搞错。第二,只有微调旋钮打到校准(CAL)位置,即按箭头所指方向顺时针打到头,时间测量尺度才是标准的,才可以作定量测量,才是有意义的。微调旋钮没有打到校准(CAL)位置所作的测量是无意义的。第三,示波器的"×5 扩展"指的是将锯齿波的斜率扩大 5 倍。直观地从示波器屏幕上看到的是波形在水平方向上拉伸了 5 倍。第四,示波器的"慢扫"是指示波器设置了更慢的扫描速度,以适应低频慢信号的显示。

14. 示波器的 X-Y 功能

示波器的 X-Y 功能特指用双踪示波器的两个通道所作的某种试验与观察。例如,用来观察李沙育图形等。当使用 X-Y 功能时,示波器上有特定颜色(如蓝色)的标识,引导操作。

15. 示波器的加亮功能

示波器除了正常的 CH1,CH2,X 通道外,通常还设置了第四个通道——Z 通道,有时也称它为加亮通道。给示波器的示波管加了一个辅助 Y 偏转板,称为 Z 偏转板。通过 Z 通道所加的信号对显示波形起一个加亮的作用。通常利用这个特点,对被测波形加时标,作辅助时间测量。

16. 示波器的探头及其使用

示波器的探头有两种。一种是普通的探头,信号的接入是靠两个夹子,不带衰减,适用于中低频、小信号的测试与观察。另一种是带衰减的探头,有"×1"和"×10"两种衰减比,适用于中高频、大信号的测试与观察。严格地讲,一个示波器的频带宽度是探头与示波器相互最佳配接获得的。因此,严格地讲示波器和探头应一对一配接使用,不得相互混用。

三、模拟示波器的技术性能

对示波器技术性能的介绍有助于对示波器的全面了解。示波器品种繁多,难以逐个介绍。这里我们仅以 YB4328D 双踪示波器为例来介绍。希望读者通过学习,触类旁通。

YB4328D 技术性能:

(1)Y 轴系统:CH1 和 CH2 两通道、性能相同。

工作方式:CH1、CH2、交替、断续、叠加、X－Y;

偏转系数:5 mV/DIV～10 V/DIV 按 1～2～5 进位;

CH1 或 CH2:共分 11 挡,误差±5%;

扩展倍率:×5 误差±10%;

频带宽度:AC:10 Hz～15 MHz　－3 dB,　　DC:0 Hz～15 MHz　－3 dB;

扩展后频带宽度:AC:10 Hz～5 MHz　－3 dB,　　DC:0 Hz～5 MHz　－3 dB;

上升时间:≤18 ns,扩展后≤10 ns;

上冲:≤5%;

阻尼:≤5%;

耦合方式:AC,DC,⊥;

输入阻容:1±5% MΩ‖≤30 pF(直接),10±5% MΩ‖≤23 pF(经探头);

最大安全输入电压:400 V(DC＋AC$_{PP}$);

极性转换:CH2 可以。

(2)触发系统。

触发源:CH1、CH2、交替、电源、外;

耦合:AC/DC/常态/TV;　　　　极性:＋ －;

同步频率范围:自动 50 Hz～15 MHz;

最小同步电平:触发 5 Hz～15 MHz;内 1 DIV;外 0.2 V$_{PP}$;

　　　　　　　自动 20Hz～10MHz; 内 2DIV;

外触发输入阻抗:1±5% MΩ‖≤30 pF;

最大安全输入电压:400V(DC＋AC$_{PP}$)。

(3)水平系统。

扫描方式:自动、触发、锁定、单次

扫描速度:0.1 μs/DIV～10 s/DIV 按 1～2(2.5)～5 进位分 29 挡;

　　　　　误差为±5%,"慢扫"挡误差为±8%;

扩展:×5 误差±10%。

(4)X－Y 方式。

信号输入:X 轴:CH1,　　Y 轴:CH2;

偏转系数:通 CH1;

频率响应:AC:10 Hz～1 MHz　－3 dB,　　DC:0 Hz～1 MHz　－3 dB;

输入阻容:同 CH1;

最大输入电压:同 CH1;

X－Y 相位差:≤30 (DC～50 kHz)。

(5)Z 轴系统。

最小输入电平:TTL 电平;

最大输入电压:50 V(DC＋AC$_{PP}$);

输入电阻:10 kΩ;

输入极性:低电平加亮;

频率范围:DC～5 MHz。

(6)标准信号。

标准信号:方波,0.5 V±2％,1 kHz±2％。

(7)电源。

电源:220 V±10％,50 Hz±2 Hz;

消耗功率:约 35 V·A。

四、数字示波器介绍

数字示波器实际上是一个具有测试端口的由单片机管理的计算机系统。和计算机一样,其开机时需要初始化,只有这样才能进入正常的工作状态。它的特点是:菜单式操作功能提示;测试数据的数字化;数据显示的数字化、图形化、屏幕化、多样化;测试端口设置的智能化。除了具有模拟示波器所具有的功能外,数字示波器比模拟示波器多以下功能:①电压测量范围更宽;②频率测量范围更宽,尤其是下限频率更低,可达到零点几赫兹;③波形显示更稳定、更直观;④数据显示形式多样化;⑤具有波形和数据存储功能;⑥输入测试端口具有数字滤波功能等等。

DS1022CD 数字示波器的面板如图 2－4－15 所示。

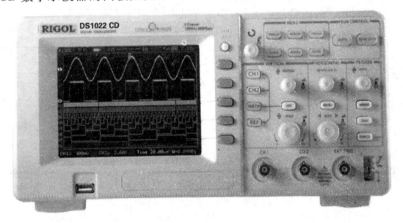

图 2－4－15 DS1022CD 数字示波器

1.DS1022CD 的性能特点

(1) 16 通道逻辑分析仪。

(2) 全新设计的小巧体积,大大减小桌面占用面积。

(3) 5.7′64K 色 TFT 彩色液晶显示。

(4) 存储深度:1M 采样点(单通道),512K 采样点(双通道),512K 采样点(逻辑分析仪)。

(5) 丰富的触发功能:边沿、视频、脉宽、斜率、交替、码型和持续时间触发等。

（6）可调触发灵敏度：有效滤除有可能叠加在触发信号上的噪声，防止误触发。

（7）实时采样率为 400 MSa/s，等效采样率高达 25 GSa/s；保证有效捕获实时瞬态信号，同时可观察重复信号的微妙细节。

（8）20 种自动测量功能。

（9）光标测量包括手动模式、追踪模式和自动测量模式。

（10）10 组波形、10 组设置存储、位图存储、CSV 存储。

（11）加、减、乘、FFT、反相等多种波形运算功能。

（12）自动校准功能。

（13）独特的数字滤波器和波形录制功能。

（14）内置硬件频率计。

（15）双通道，外触发，根据带宽分为 100 MHz，60 MHz，40 MHz，25 MHz 多种型号。

（16）标准配置接口：USB Device，RS－232；USB Host，支持 U 盘和 USB 接口打印机。

（17）标配"通过/失败"检测功能：采用"光电隔离"方式，有效避免电磁干扰。

（18）多种语言用户界面，嵌入式帮助系统。

2. DS1022CD 的技术指标

DS1022CD 的技术指标见表 2－4－1。

表 2－4－1　DS1022CD 的技术指标

设备型号		DS1022CD
带宽		100 MHz
存储深度		1M 采样点（单通道），512K 采样点（双通道），512K 采样点（逻辑分析仪）
通道		双通道 ＋ 外触发 ＋ 逻辑分析仪
实时采样率		400 MSa/s，200 MSa/s（逻辑分析仪）
等效采样率		25 GSa/s
上升时间		3.5 ns
时基范围		5 ns/div 至 50 s/div
门限类型（逻辑分析仪）		TTL ＝ 1.4 V，CMOS ＝ 2.5 V，ECL ＝ － 1.3 V，USER ＝ － 8.0 V 至 ＋ 8.0 V
李沙育图形	带宽	100 MHz
	相位差	± 3°
触发模式		边沿、视频、脉宽、斜率、交替、码型和持续时间触发
触发源		CH1，CH2，Ext，Ext/5，AC Line，D0 ～ D15
输入阻抗		1 MΩ ‖ 15 pF
垂直灵敏度		2 mV/div 至 5 V/div
垂直分辨率		8 位

续 表

输入耦合	直流、交流、接地
最大输入电压	400 V（DC ＋ AC 峰值）
滚动范围	500 ms/div 至 50 s/div
自动测量	峰峰值、幅值、最大值、最小值、顶端值、底端值、平均值、均方根值、过冲、预冲、频率、周期、上升时间、下降时间、正脉宽、负脉宽、正占空比、负占空比、延迟 1→2、延迟 1→2 的测量
光标测量	手动模式、追踪模式和自动测量模式
数学运算	＋，－，×，FFT
存储	内置：10 组波形、10 组设置
	USB：位图存储、CSV 存储、波形设置
接口	USB Device，USB Host，RS－232，P/F Out (Isolated)
显示	64K 色 TFT 彩色液晶，320×234
电源	全球通用，100～240 V / 50 W 最大值
质量	2.3 kg

3. DS1022CD 的操作与使用

(1)操作区概述。

DS1022CD 数字示波器分五大操作区，如图 2-4-16 所示。它们分别是常用菜单(MEN-U)区、运行控制(RUN CONTROL)区、垂直控制(VERTICAL)区、水平控制(HORIZON-TAL)区和触发控制(TRIGGER)区。

DS1022CD 数字示波器采用面板操作与屏显结合的办法实现示波器操作功能的菜单化。这种菜单化的操作方式，使得示波器面板的操作键大大减少，但增加了用户的操作复杂程度。

(2)垂直系统(VERTICAL)。

如图 2-4-16 和图 2-4-17 所示。

1)POSITION 为垂直通道的位移旋钮。按此旋钮，波形位移"居中"。

2)SCALE 为垂直通道的电压测量尺度(垂直灵敏度或挡位调节)旋钮。在示波器屏幕左下角有相应的符号"电压测量尺度"显示，如"2.0 V"显示(见图 2-4-18)。

3)按"CH1"键，选择显示"CH1"口的输入波形。

4)按"CH2"键，选择显示"CH2"口的输入波形。

5)同时按"CH1"键和"CH2"键，选择同时显示"CH1"口和"CH2"口的输入波形。

6)按"MATH"键，选择对"CH1"口和"CH2"口的输入波形做"数学运算"。这些数学运算包括：A＋B，A－B，A×B 和 FFT。

7)按"REF"键，选择混合信号示波器。

8)按"OFF"键，选择示波器屏幕上不显示任何波形。

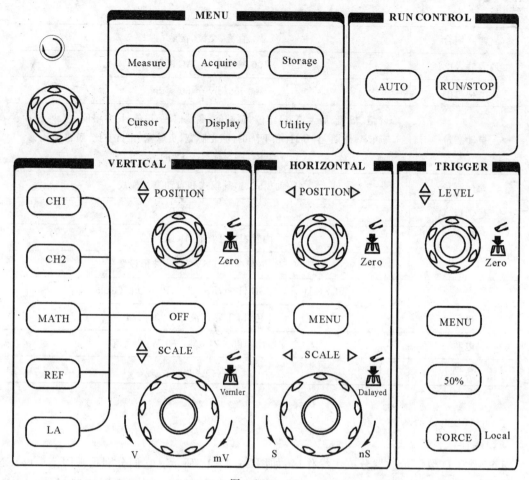

图 2-4-16

9)该示波器的"CH1"口和"CH2"口在输入波形时,有三种耦合方式:"直流、交流、接地"。在示波器屏幕左下角有相应的符号显示(见图2-4-18(a))。

10)该示波器的"CH1"口和"CH2"口在输入波形时,具有数字滤波功能。数字滤波器分为"低通、高通、带通和带阻"等滤波器。当选择数字滤波时,即示波器选择了对输入信号的"带宽限制"。即可通过"带宽限制"选项,"关闭"或"打开"数字滤波功能。不同的滤波器,均可设置"上限频率"和"下限频率"。当示波器选择数字滤波功能时,在示波器屏幕左下角有相应的符号"B"显示(见图2-4-18(a))。

11)该示波器具有输入信号极性"反相"功能。

12)示波器在测试信号时,只有接原配"探头"测试,才能最好地发挥示波器的宽带效果。通常要求示波器对探头的参数设置和实际探头的衰减比相吻合。如果探头衰减比为"1×",而示波器的探头参数设置为"100×或1 000×",在示波器屏幕左下相应的"电压测量尺度"符号显示就会出错(见图2-4-18)。

13)该示波器在数学运算功能中,可将时域信号转换成频域信号,即作FFT快速傅里叶变换。可以方便地观察:①测量系统中的谐波含量和失真;②表现直流电源中的噪声特性;③分析振动。

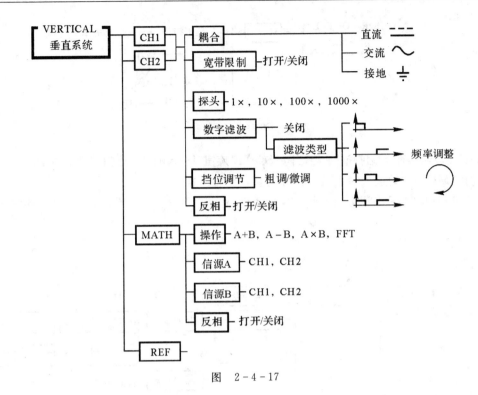

图 2-4-17

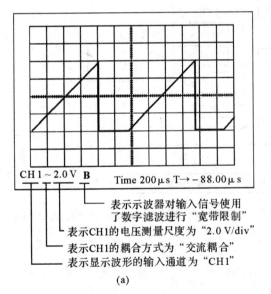

(a)

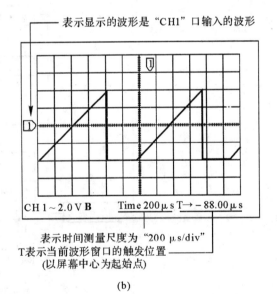

(b)

图 2-4-18

(3)水平系统(HORIZONTAL)。

如图 2-4-16 和图 2-4-19 所示。

1)POSITION 为水平通道的触发位移旋钮。按此旋钮,波形位移"居中"。

2)SCALE 为水平通道的时间测量尺度(水平扫描速度或挡位调节)旋钮。在示波器屏幕右下角有相应的符号"时间测量尺度"显示,如"Time 200μs"显示(见图 2-4-18)。

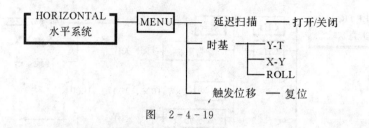

图　2-4-19

3)该示波器具有"延迟扫描"功能,当按"SCALE"旋钮时进入触发延迟扫描状态(见图2-4-19)。可通过按"MENU"键进入触发延迟扫描的参数调整界面。

4)可通过按"MENU"键,使示波器切换到 Y-T、X-Y 和 ROLL 显示模式状态(见图2-4-19)。

(4)触发系统(TRIGGER)。

如图2-4-16和图2-4-20所示。

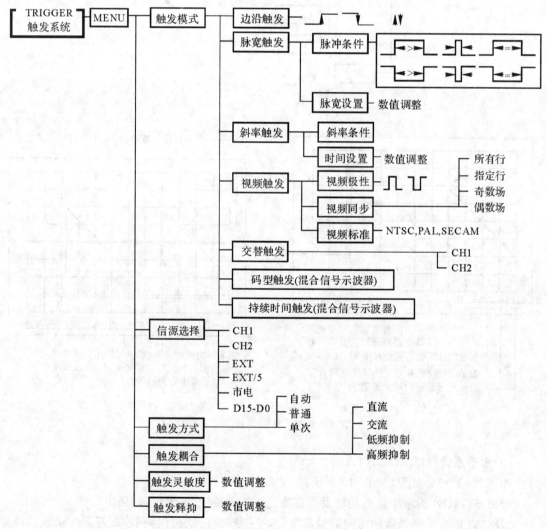

图　2-4-20

1)转动"LEVEL"旋钮设定触发信号的电压触发点,按此按钮触发电平立即回零。

2)通过按"MENU"键进入触发系统参数设定界面(见图 2-4-20)。

3)按"50％"键将触发电平设置在触发信号幅值的中点。

4)按"FORCE"键强制产生一个触发信号,主要应用于触发方式中的"普通"和"单次"模式。

5)触发模式分为:边沿触发、脉宽触发、斜率触发、视频触发和交替触发。并且各种触发都可进行参数设定。

6)触发信源:

①选择"CH1"表示选择 CH1 通道的信号作内触发。

②选择"CH2"表示选择 CH2 通道的信号作内触发。

③选择"EXT"表示选择 EXT 通道的信号作外触发。

④选择"EXT/5"表示选择 EXT 通道的信号,幅度衰减到原1/5 作外触发。

⑤选择"市电"表示选择市电作触发。

7)触发方式分为:"自动""普通"和"单次"。

8)触发耦合分为:"直流""交流""低频抑制"和"高频抑制"。

9)该示波器还可以对"触发灵敏度"进行调节。

10)该示波器还可以对"触发释抑"进行参数调节。

(5)设置采样系统(Acquire)。

如图 2-4-21 和图 2-4-22 所示。

通过按常用菜单"MENU"区中的"Acquire"键,进入采样系统参数设置状态。可按图 2-4-22中打"√"的项作常规设置。

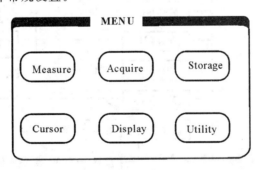

图　2-4-21

(6)设置显示系统(Display)。

如图 2-4-21 和图 2-4-23 所示。

通过按常用菜单"MENU"区中的"Display"键,进入显示系统参数设置状态。可按图 2-4-23中打"√"的项作常规设置。

(7)测试参数的存储与调出(Storage)。

如图 2-4-21 和图 2-4-24 所示。

通过按常用菜单"MENU"区中的"Storage"键,进入"测试参数的存储与调出"状态。可按需求作相应的操作。

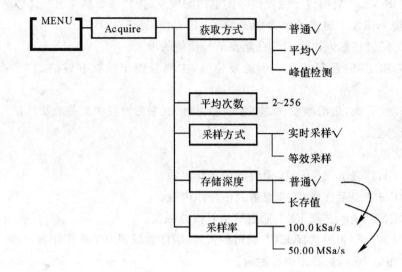

图 2-4-22

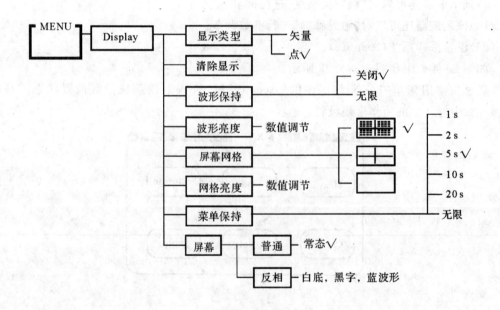

图 2-4-23

该示波器可对测试波形进行"内部存储"和"外部存储"。

"内部存储"将波形存储在示波器内部,也可以方便地"调出",在屏幕上显示。

"外部存储"可通过 USB 口将波形存储在外置存储器中,如优盘和 MP3,MP4,移动硬盘等。也可以方便地"调出",在屏幕上显示。

存储的波形文件可以用不同的文件格式,常用的文件格式为"*.bmp"。这些格式的文件可以方便地在打印机上打印出来,或在计算机上作其他文档编辑。

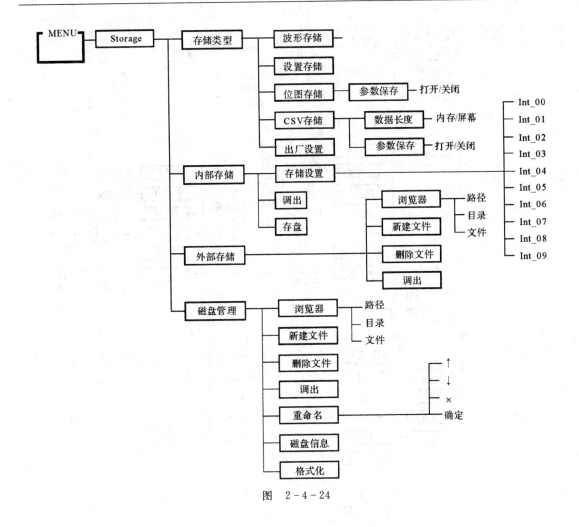

图 2-4-24

(8)辅助系统功能设置(Utility)。

如图 2-4-21 和图 2-4-25 所示。

通过按常用菜单"MENU"区中的"Utility"键,进入"辅助系统功能设置"状态。可按需求作相应的操作。

(9)自动测量(Measure)。

如图 2-4-21 和图 2-4-26 所示。

通过按常用菜单"MENU"区中的"Measure"键,进入"自动测量"状态。可按需求作相应的操作。

该示波器最强大的功能就是自动测量功能。当激活"全部测量"功能时,示波器在显示波形的同时,在屏幕的下方显示一个向量表,将"电压测量"和"时间测量"的所有测量参数展示出来,非常方便,建议使用者掌握与使用。

(10)光标测量(Cursor)。

如图 2-4-21 和图 2-4-27 所示。

通过按常用菜单"MENU"区中的"Cursor"键,进入"光标测量"状态。可按需求作相应的

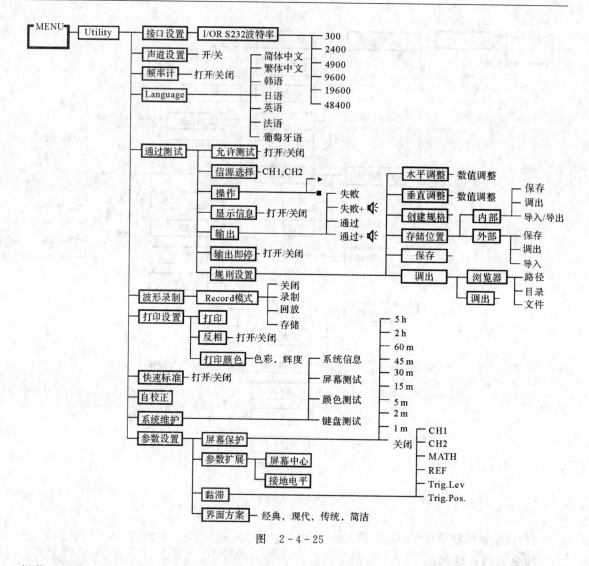

图 2-4-25

操作。

(11)运行控制功能的使用。

如图 2-4-28 所示。

1)按"AUTO"键,快速设置和测量信号。自动设定功能项目见表 2-4-2。

2)"RUN/STOP"键的使用。

a)"RUN/STOP"键单独发亮时,系统处于用户设定下工作。

b)"RUN/STOP"键时,键发红光,波形马上稳定显示。原理是:该示波器是数字示波器,它可以对所显示的波形动态地作一次扫描、采样、存储,然后,再将存储的波形重复地调出显示。重复调出显示的波形自然是一个稳定的波形。这种测量显示功能解决了波形不稳和低频慢信号的测量和显示问题。但是,用户必须清楚,在按"RUN/STOP"键时,键发红光,波形马上稳定显示,又缺少了波形的动态显示问题,屏蔽了波形的动态变化。只有再按"RUN/STOP"键时,键不再发红光,波形马上进入动态显示状态。

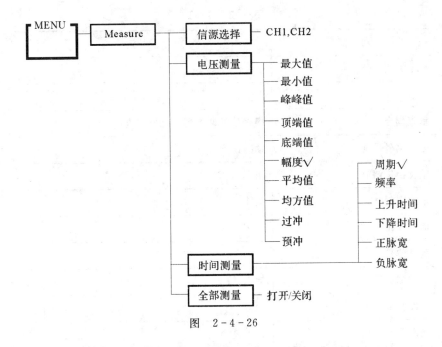

图　2-4-26

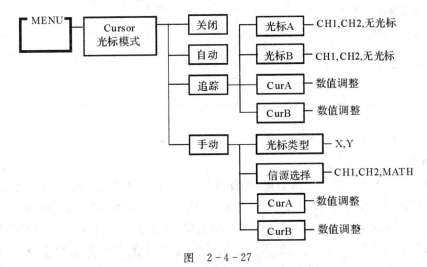

图　2-4-27

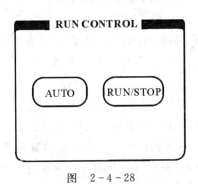

图　2-4-28

表 2 - 4 - 2

功　　能	设　　定
显示方式	Y - T
获取方式	普通
垂直耦合	根据信号调整到直流或交流
电压测量尺度	动态适配
垂直挡位调节	粗调
带宽限制	关闭
信号反相	关闭
垂直位移	居中
时间测量尺度	动态适配
触发类型	边沿
触发信源	自动检测
触发耦合	直流
触发电平	中点设定
触发方式	自动
水平位移	居中

4. DS1022CD 数字示波器典型应用

(1)使用好"AUTO"功能键。

DS1022CD 数字示波器有很多功能、操作及参数需要用户设置,并且项目、条款比较多。尤其对于初步接触示波器者,更是茫然,不知从哪里下手操作,不知要设置哪些参数,不知怎么设置参数。在此情况下,只要使用好"AUTO"功能键,问题就解决了。"AUTO"键是一个自动测量与操作键,按"AUTO"键,示波器就会快速设置和测量信号,自动设定功能项目,具体见表 2 - 4 - 2。这样用户就会快速进入示波器使用角色。

(2)对显示波形进行快速傅里叶变换(FFT)。

DS1022CD 数字示波器对观察显示的波形具有数学运算功能。其中功能最强劲的就是对显示波形进行快速傅里叶变换(FFT)。具体操作步骤如下:

1)示波器开机。

2)将信号输入于示波器的 CH1 口。

3)按图 2 - 4 - 29 所示示波器进行操作和参数设置。

4)当"显示"选择"全屏"时,屏幕上显示一个全屏的快速傅里叶变换(FFT)图和一个交错显示的时域波形图;当"显示"选择"分屏"时,屏幕上分屏显示一个快速傅里叶变换(FFT)图和一个时域波形图。

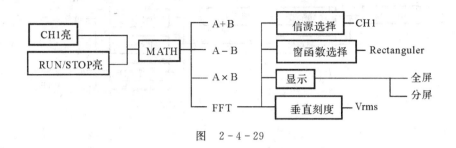

图 2-4-29

5)当示波器按如图 2-4-30(a)所示操作时,屏幕上分屏显示一个快速傅里叶变换(FFT)图和一个时域波形图(见图 2-4-31(a));当示波器按如图 2-4-30(b)所示操作时,屏幕上只显示一个快速傅里叶变换(FFT)图(见图 2-4-31(b))。

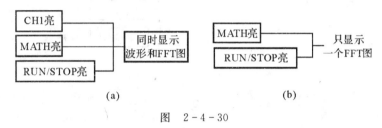

图 2-4-30

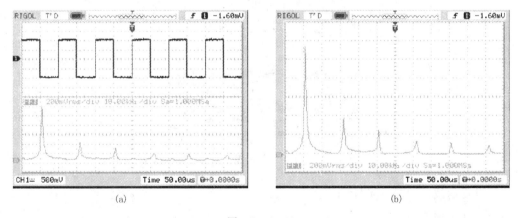

图 2-4-31

(3)记录波形于 USB 口外存储器。

该示波器具有波形内外存储功能。当用户想把波形外存储时,可给 USB 口插入外存储件(如 MP3,MP4,DV,外置移动硬盘、优盘等),然后,按如图 2-4-32 所示操作,就可以实现波形的外存储。

(4)设置示波器于"全部测量"状态。

该示波器具有一个强大的测量功能状态,即"全部测量"状态。在"全部测量"状态,示波器屏幕在显示波形的同时,屏幕下方显示一个矢量表,显示众多的由用户设置的测量参数,使得示波器测量极为方便。只要按如图 2-4-33 所示进行示波器操作,就可使示波器处于"全部测量"状态。显示界面如图 2-4-34 所示。

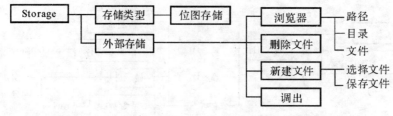

图　2 - 4 - 32

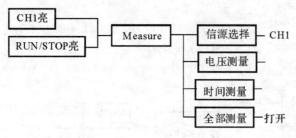

图　2 - 4 - 33

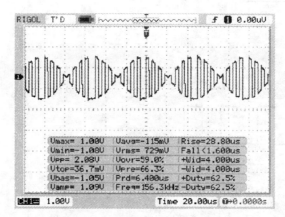

图　2 - 4 - 34

(5)设置示波器于"X - Y"状态。

1)给 CH1 输入信号。

2)给 CH2 输入信号。

3)把 CH1 和 CH2 输入的信号波形的幅度调得相等或近似。

4)在"水平控制区域(HORIZONTAL)"按"MENU"键,激活菜单,设置示波器,使示波器处于"X - Y"功能状态。

2.5　数字合成函数发生器

一、YB1615H DDS 数字合成函数波形发生器

1. 概述

DDS 数字合成函数波形发生器是利用单片机技术,输出信号直接数字合成的智能化信号

源。仪器的显示和操作全部数字化、智能化。

传统的信号发生器都是模拟的,最初采用振荡器产生正弦波,然后通过变换就获得了三角波、方波等,于是出现了函数波形信号发生器。为了提高频率稳定度引进了锁相技术。由于模拟方法的固有缺陷,频率稳定度成了瓶颈,尤其是在低频端。并且扫频频率范围难以确定,变频时波形相位存在跳动,对观察测量造成困难。DDS 技术采用了全数字概念和大规模集成电路,所有波形、所有频率的信号均由单片机通过程序数字合成,高低频信号均可准确合成出来。因此,输出信号的频率、幅度和相位等参量均质量较高。

YB1615H DDS 数字合成函数波形发生器的面板如图 2-5-1 所示。

图 2-5-1　YB1615H DDS 数字合成函数波形发生器的面板图

2. 技术指标

输出波形:正弦波、方波、三角波、升斜波、降斜波、随机噪声、升指数、降指数、SIN(X)/X;

频率范围:1 mHz～15 MHz;

频率分辨率:0.1 mHz;

频率稳定度:50 ppm;

方波上升时间:≤20 ns;

方波过冲:≤5%;

不对称性:≤2%;

占空系数设定:20%～80%,≤100 kHz;
　　　　　　　30%～70%,100 kHz～1 MHz;

三角波、斜波线性度:优于 5%;

输出幅度:开路时,>20 V;
　　　　　50 Ω 时,1 mV～10 V;

衰减误差:优于 5%;

偏置比:-100%～100%;

输出阻抗:50 Ω;

设定分辨率:3 位数字;

正弦波谐波失真(50 Ω,1 V):

<20 kHz,-60dB；

20 kHz$\sim$1 MHz,-50dB；

1 MHz$\sim$10 MHz,-45dB；

10 MHz$\sim$20 MHz,-40dB；

扫频输出类型：线性或对数；

扫频输出方向：正或负；

扫频输出初频或终频：0.1 Hz/1 MHz,0.1 Hz/2 MHz,0.1Hz/3 MHz,0.1 Hz/5 MHz,0.1 Hz/10 MHz,0.1 Hz/15 MHz,0.1 Hz/20 MHz；

类型扫频输出时间设定：10 ms$\sim$40 s；

FSK、PSK、填充波内部设定速率：10 mHz$\sim$50 kHz；

PSK 相位跳变：$-360°\sim360°$,分辨率为 11.25°；

幅度调制波形：任何内部波形；

幅度调制频率设定范围：100 mHz$\sim$20 kHz；

幅度调制深度设定范围：0%$\sim$120%；

幅度调制来源：内部/外部；

频率调制波形：任何内部波形；

频率调制频率设定范围：100 mHz$\sim$20 kHz；

频率调制频率偏移设定范围：0.1 Hz/1 MHz, 0.1 Hz/2 MHz,0.1 Hz/3 MHz,0.1 Hz/5 MHz,0.1 Hz/10 MHz,0.1 Hz/15 MHz,0.1 Hz/20 MHz；

频率调制来源：内部；

相位调制波形：任何内部波形；

相位调制频率设定范围：100 mHz$\sim$20 kHz；

相位调制相位偏移设定范围：$-360°\sim360°$,分辨率为 11.25°；

相位调制来源：内部。

3. 组成原理及面板说明

YB1615H DDS 数字合成函数波形发生器的面板图如图 2-5-1 所示。

(1)液晶显示屏：仪器设置的状态、功能、参数等显示。

(2)光标控制：配合菜单选择功能项。

(3)手轮：配合功能键、光标控制键、数字键,通过旋转选择仪器功能、选项、设定参量的大小。

(4)功能键：选择仪器功能、选项。

(5)数字键：输入数值。

(6)电压输出端口：输出信号。

(7)电源：仪器的电源开和关。

(8)EXT AM INPUT 端口：外调幅输入。

(9)EXT TRIG INPUT 端口：外触发输入。

(10)RS-232 端口：计算机控制入口。

YB1615H DDS 数字合成函数波形发生器由功能键、数字键、光标控制键和手轮负责状态设置、功能选项和参量调节。设置的状态、功能及参量的大小均在液晶显示屏上显示。

　　仪器的功能、选项比较多,功能键区只设置了有限个常用的、使用比较频繁的键。直接按这些键可进入功能选项的设置。其他的功能选项是在滚动菜单下来完成设置和选择的。具体请参考图 2-5-2 所示 YB1615H DDS 数字合成函数波形发生器的功能设置组织结构图。

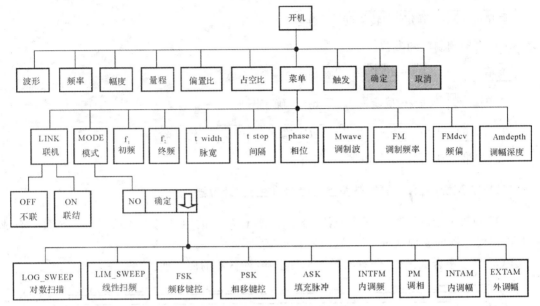

图 2-5-2　YB1615H DDS 数字合成函数波形发生器的功能设置组织结构

4. 操作与使用

(1)波形选择：

波形　转手轮

(2)调频率：

频率　转手轮　或　频率　确定　数字输入　确定　转手轮

(3)调频率单位：

频率　量程　转手轮

(4)调电压幅度：

幅度　转手轮　或　幅度　确定　数字输入　确定　转手轮

(5)调电压单位：

幅度　量程　转手轮

(6)调方波的占空比：

波形　转手轮　占空比　转手轮

(7)任何数值的设置：

幅度　确定　数字输入　确定　转手轮

(8)将仪器和计算机连接：

菜单　确定　转手轮　确定

(9)选择某种扫频：

$\boxed{菜单}$ $\boxed{\Downarrow}$ $\boxed{确定}$ $\boxed{转手轮}$ $\boxed{确定}$

(10)选择某种调制：

$\boxed{菜单}$ $\boxed{\Downarrow}$ $\boxed{确定}$ $\boxed{转手轮}$ $\boxed{确定}$

(11)设置调制波的参数：

$\boxed{菜单}$ $\boxed{\Downarrow}$ $\boxed{\Downarrow}\cdots\boxed{转手轮}$ $\boxed{确定}$

$\boxed{菜单}$ $\boxed{\Downarrow}$ $\boxed{\Downarrow}\cdots\boxed{确定}$ $\boxed{转手轮}$ $\boxed{确定}$

或 $\boxed{菜单}$ $\boxed{\Downarrow}$ $\boxed{\Downarrow}\cdots\boxed{确定}$ $\boxed{数字输入}$ $\boxed{确定}$ $\boxed{转手轮}$

(12)如果出现死机,请关电源,重新开机。

二、FO5 型数字合成函数/任意波形信号发生器/计数器

FO5 型数字合成函数/任意波形信号发生器/计数器的原理与 YB1615H DDS 数字合成函数波形发生器的原理基本一样,这里不再重复。

FO5 型数字合成函数/任意波形信号发生器/计数器的面板如图 2-5-3 所示。

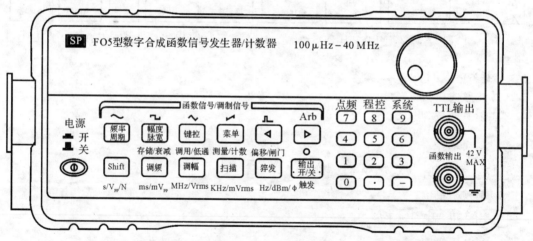

图 2-5-3 FO5 型数字合成函数/任意波形信号发生器/计数器面板图

FO5 型数字合成函数/任意波形信号发生器/计数器的背板如图 2-5-4 所示。

FO5 型数字合成函数/任意波形信号发生器/计数器简介：

1. 主要特征

(1)采用直接数字合成技术(DDS)。

(2)主波形输出频率为 1 μHz ～ 120 MHz(F120)。

(3)小信号输出幅度可达 0.1 mV。

(4)脉冲波占空比分辨率高达 1/1 000。

(5)数字调频分辨率高、准确。

(6)猝发模式具有相位连续调节功能。

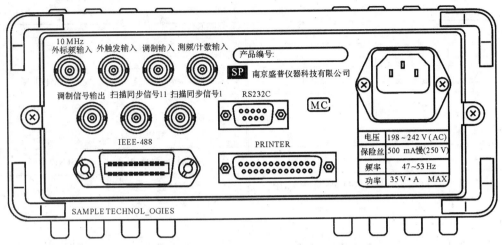

图 2-5-4 FO5 型数字合成函数/任意波形信号发生器/计数器背面板图

(7)频率扫描输出可任意设置起点、终点频率。

(8)相位调节分辨率达 $0.1°$。

(9)调幅调制度在 $1\% \sim 120\%$ 内可任意设置。

(10)输出波形达 30 余种。

(11)具有频率测量和计数的功能。

(12)机箱造型美观大方,按键操作舒适灵活。

2. 函数波形信号发生器和计数器的技术指标(略)

3. 输出波形

输出波形以及相应编号对应关系见表 2-5-1。

还可以输出:

(1)调幅波(AM);

(2)调频波(FM);

(3)键控波(FDK);

(4)扫频波(SWEEP);

(5)猝发波(B)。

4. 操作与使用

这里只简述 FO5 型数字合成函数/任意波形信号发生器/计数器的常用操作:

(1)系统复位:$\boxed{\text{Shift}}$ $\boxed{8}$。

1)有 A,B 两个输出端口,可同时输出。需要分别调整其输出参数。

2)进入 A 输出参数调整状态:$\boxed{\text{Shift}}$ $\boxed{A}$;

3)进入 B 输出参数调整状态:$\boxed{\text{Shift}}$ $\boxed{B}$。

4)控制端口输出:$\boxed{\text{Shift}}$ $\boxed{输出}$ …………输出关闭;

$\boxed{\text{Shift}}$ $\boxed{输出}$ …………输出打开。

表 2-5-1

波形编号	波形名称	提示符	波形编号	波形名称	提示符
1	正弦波	SINE	15	半波整流	COMMUT_H
2	方波	SQUARE	16	正弦波横切割	SINE_TRA
3	三角波	TRIANG	17	正弦波纵切割	SINE_VER
4	升锯齿	UP_RAMP	18	正弦波调相	SINE_PM
5	降锯齿	DOWM_RAMP	19	对数函数	LOG
6	噪声	NOISE	20	指数函数	EXP
7	脉冲波	PULSE	21	半圆函数	HALF_ROUND
8	正脉冲	P_PULSE	22	SINX/X 函数	SINX/X
9	负脉冲	N_PULSE	23	平方根函数	SQUARE_ROOT
10	正直流	P_DC	24	正切函数	TANGENT
11	负直流	N_DC	25	心电图波	CARDIO
12	阶梯波	STAIR	26	地震波形	QUAKE
13	编码脉冲	C_PULSE	27	组合波形	COMBIN
14	全波整流	COMMUT_A			

(2)输出波形选择：

1) Shift 8 Shift Arb 转拨轮；

2) Shift 8 Shift Arb Shift ∿ ………输出正弦信号；

Shift ⊓ ………输出方波信号；

Shift ⟋ ………输出三角波信号；

Shift ⟋ ………输出锯齿波信号；

Shift ⊔ ………输出脉冲信号；

在调整一个波形参数时按

调频 ………输出调频信号；

调幅 ………输出调幅信号；

猝发 ………输出猝发信号；

键控 ………输出键控信号；

扫描 ………输出扫描信号。

（3）输出波形参数调整：

在确定输出某个波形之后，方可调整波形参数：

1）方法 1：$\boxed{\text{调整参量}}$　$\boxed{\text{转拨轮}}$。

这种"转拨轮"的调整方法只调整一位数字量的大小，通常不能直接达到所期望的量值。此时，可利用 $\boxed{\leftarrow}$ 和 $\boxed{\rightarrow}$ 键改变参数调整的位置，从而可调出所希望精度的参量。

2）方法 2：参数直接键入。

这种方法的操作顺序为：$\boxed{\text{调整参量}}$　$\boxed{\text{键入数字}}$　$\boxed{\text{参量单位}}$。

（4）电压幅度调整：

1）方法 1：$\boxed{\text{幅度}}$　$\boxed{\text{转拨轮}}$。

2）方法 2：$\boxed{\text{幅度}}$ $\boxed{1}$ $\boxed{.}$ $\boxed{2}$ $\boxed{\text{V}_{\text{pp}}}$ ⋯⋯⋯⋯ 输出 1.2 V_{pp}；

　　　　　$\boxed{\text{幅度}}$ $\boxed{1}$ $\boxed{.}$ $\boxed{2}$ $\boxed{\text{mV}_{\text{pp}}}$ ⋯⋯⋯⋯ 输出 1.2 mV_{pp}；

　　　　　$\boxed{\text{幅度}}$ $\boxed{1}$ $\boxed{.}$ $\boxed{2}$ $\boxed{\text{V}_{\text{rms}}}$ ⋯⋯⋯⋯ 输出 1.2 V_{rms}；

　　　　　$\boxed{\text{幅度}}$ $\boxed{1}$ $\boxed{.}$ $\boxed{2}$ $\boxed{\text{mV}_{\text{rms}}}$ ⋯⋯⋯⋯ 输出 1.2 mV_{rms}。

（5）频率调整：

1）方法 1：$\boxed{\text{频率}}$　$\boxed{\text{转拨轮}}$。

2）方法 2：$\boxed{\text{频率}}$ $\boxed{1}$ $\boxed{.}$ $\boxed{2}$ $\boxed{\text{Hz}}$ ⋯⋯⋯⋯ 输出 1.2 Hz；

　　　　　$\boxed{\text{频率}}$ $\boxed{1}$ $\boxed{.}$ $\boxed{2}$ $\boxed{\text{kHz}}$ ⋯⋯⋯⋯ 输出 1.2 kHz；

　　　　　$\boxed{\text{频率}}$ $\boxed{1}$ $\boxed{.}$ $\boxed{2}$ $\boxed{\text{MHz}}$ ⋯⋯⋯⋯ 输出 1.2 MHz。

（6）周期调整：

1）方法 1：$\boxed{\text{周期}}$　$\boxed{\text{转拨轮}}$。

2）方法 2：$\boxed{\text{周期}}$ $\boxed{1}$ $\boxed{.}$ $\boxed{2}$ $\boxed{\text{s}}$ ⋯⋯⋯⋯ 输出 1.2 s；

　　　　　$\boxed{\text{周期}}$ $\boxed{1}$ $\boxed{.}$ $\boxed{2}$ $\boxed{\text{ms}}$ ⋯⋯⋯⋯ 输出 1.2 ms。

（7）单位冲激序列 $\delta_T(t)$ 的调出：

$\boxed{\text{Shift}}$ $\boxed{8}$ $\boxed{\text{Shift}}$ $\boxed{\text{Arb}}$ $\boxed{\text{转拨轮}}$ ⋯⋯⋯⋯ 调到波形8；

$\boxed{\text{脉宽}}$　$\boxed{\text{脉宽}}$　$\boxed{\text{转拨轮}}$ ⋯⋯⋯⋯ 调到 2%。

2.6　交流毫伏表

交流毫伏表是一种交流电压表。它测量的是交流信号的电压有效值。对这种仪器的主要要求是：输入阻抗高、频带宽、灵敏度高、指标刻度尽可能线性。

一、交流毫伏表的分类

按仪器制造的有源器件分，可分为电子管交流毫伏表、晶体管交流毫伏表、集成电路交流毫伏表以及晶体管和集成电路混合式交流毫伏表。

按显示方式分,可分为指针式交流毫伏表和数字交流毫伏表。

按频率分,可分为低频交流毫伏表和高频交流毫伏表。

二、交流毫伏表的基本原理

如图 2-6-1 所示为交流毫伏表的组成框图。它基本上由输入衰减器、检波器、放大器、显示表头以及电源等五部分组成。图(a)为检波-放大式,图(b)为放大-检波式。前者由于检波后采用直流放大器,因此减少了多级放大时分布电容的影响,适用于高频电压的测量。但检波工作于小信号,故检波效率低、线性差。后者由于先放大,提高了测量灵敏度,而检波工作于大信号,故指示值线性好,但交流放大器受分布电容的影响,适用于中低频信号电压的测量。

显示表头可选择指针式表头或者数字表头,均按表头的精度等级确定交流毫伏表的测量精度。

每一个显示表头都有自己的电压显示动态范围,并且是非常有限的。通用型交流毫伏表的电压测量范围均从微伏级到百伏级。对于大信号必须有衰减器配合,把信号衰减到合适的范围内进行处理显示。大信号大衰减,小信号小衰减,或者不衰减,进行处理显示。对于过小信号(比如微伏级、毫伏级),难以直接检波,必须通过有源放大后,才能进一步地处理显示。因此,交流毫伏表通常要通电源才能工作。

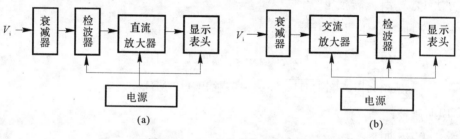

图 2-6-1　交流毫伏表方框图

(a)检波-放大式；　(b)放大-检波式

由于每一个显示表头都有自己的电压显示动态范围,并且是非常有限的,因此,对于宽范围的测量信号,通常是分段进行测量的,即分多个量程进行测量。这时,表头的量程(开关)和输入(多挡位)衰减器就是一回事了。

表头的量程(有时也称为仪器的量程)指的是在这一挡可测的最大信号值。指针式表头的量程通常和表头的指针刻度相对应。量程开关(衰减器)通常是由多挡位的选择开关实现的。数字式表头的量程通常是分段的和分段显示的。有的有多挡位的选择开关作选择,有的没有。没有多挡位的选择开关的仪器通常是根据被测输入信号的大小变化,自适应地选择测量量程,进行处理与显示。

三、DA-16型晶体管毫伏表

1. 工作原理

DA-16 型晶体管毫伏表是一种指针式交流毫伏表。图 2-6-2 所示为 DA-16 型晶体管毫伏表的面板照片。它属于放大-检波式工作方式,原理框图如图 2-6-1(b)所示。它有多挡位的量程开关,指针刻度由电压刻度和分贝刻度两层刻度组成,量程开关的标识和表头刻度之间有着严格的对应关系。

该仪器具有灵敏度高、体积小、质量轻,耗电省等优点。由于检波器工作为峰值式,标尺刻度为有效值,故只适用于正弦波电压的测量。

图 2-6-2 DA-16 型晶体管毫伏表

2. 主要技术性能

测量电压的频率范围:20 Hz~1 MHz。

测量电压范围:100 μV~300 V 分 11 挡,即 1/3/10/30/100/300 mV;1/3/10/30/300 V。

测量误差:20 Hz~100 kHz 时,≤±3%;20 Hz~1 MHz 时,≤±5%。

输入阻抗:输入电阻,在 1 kHz 时,约 1.5 MΩ。

输入电容:1 mV~0.3 V 各挡时,约 70 pF;1~300 V 各挡时,约 50 pF。

3. 使用方法

(1)零点校准。

接通电源,将输入短接,作表头指针调零,随后将面板上量程转至所需测量范围。

(2)量程选择。

按被测量大小,选择合适的量程。若事先不知被测量的大小,可先从大量程开始,再逐渐减小量程,直到指针有指示值为止。

(3)读数。

应按指定量程和对应刻度值读取数值。

(4)注意事项。

1)每次改变量程时,都应重新调零。

2）由于交流毫伏表具有较高的灵敏度和较高的输入阻抗，当量程选择开关置于小量程处，且输入端未接信号和未短接时，则外界的感应信号会使指针偏转超过量程，易打坏指针。故测量时，应先接低电位端连线（即地线），然后再接高电位端连线。测量结束后，先去掉高电位端连线，再取下地线。

3）本仪器只能用于测量正弦波电压有效值，若测量非正弦波电压，则测量值有一定误差。本仪器不能用来测量直流电压。

4）测量值应尽可能指示于刻度线中间的 1/2～2/3 区域，此时产生的刻度误差较小。

（5）分贝的实际测量。

很多指针式仪表（包括三用表）都具有分贝的刻度。分贝刻度是功率比而不是电压比。在大多数情况下，600 Ω 纯电阻性负载上产生 1 mW 的功率，认为是 0 dB。同时它也表示 600 Ω 纯电阻性负载上的电压有效值为 0.775 V。

因为

$$P = \frac{U^2}{R}$$

所以

$$U = \sqrt{PR} = \sqrt{1 \times 10^{-3} \times 600} = 0.775$$

分贝刻度与一个交流刻度直接有关。一般是最低交流挡刻度。如 DA‑16 型晶体管毫伏表面板上有 1 V(0 dB) 标记，即理解为分贝刻度与 1 V 挡交流刻度直接有关（注意 0 dB 位于其直接有关的 0.775 V 处）。如果直接从分贝刻度上读数，则电压表转换开关须置于这一挡上（1 V 挡）。如果转换开关置于另一挡上，则所指示的分贝数值还须加上一定的分贝校正值。

如果量程开关位于 0.1 V，3 V 或 10 V 挡，则指示出的分贝读数还须分别加上 −20 dB，10 dB 或 20 dB 的校正值。该表分贝的校正值也标在对应的量程挡上（校正值仅限于该表）。

举例说明。当量程开关置于 1 V 挡时，指针所示值为 −2 dB，则所测的分贝数即为 −2 dB。如果量程挡开关置于 30 mV 挡时，分贝的指示数还为 −2 dB 时，实际测量的分贝数应为 −2 dB + (−30 dB) = −32 dB。

注意：只有当电压是纯正弦波，负载阻抗是纯电阻且为 600 Ω 时，电压表的分贝刻度才是准确的。

四、YB2172B 数字交流毫伏表

1. 工作原理

图 2‑6‑3 是 YB2172B 数字交流毫伏表的面板照片。它属于放大‑检波式工作方式，原理框图请参阅图 2‑6‑1(b)。

该仪器采用了三位半数字显示表头。

该仪器用先进数码开关代替传统的机械式量程开关，轻巧耐用，永无错位、打滑之忧。量程分七个电压段，由一个量程电位器作调节。调节电位器时，自动覆盖六个电压段。该仪器采用了发光二极管清晰指示量程和状态。每挡量程都具有超量程自动闪烁功能，即当被测信号超过设置量程时，发光二极管会闪烁，提示使用者增大量程。该仪器的放大器采用了超 β 低噪

声晶体管,屏蔽隔离技术,提高了线性和小信号测量精度。该仪器还设置了一个输出端口,用以配合其他仪器同时测量。

2. 主要技术性能

测量电压范围:30 μV～300 V;

分六个量程:3 mV,30 mV,300 mV,3 V,30 V,300 V。

基准条件下的固有误差:(以 1 kHz 为基准)±0.5％±2 个字。

测量电压的频率范围:10 Hz～2 MHz。

测量频率误差:

50 Hz～100 kHz:±1.5％±6 个字;

20～50 Hz,100～500 kHz:±2.5％±8 个字;

10～20 Hz,500 kHz～2 MHz:±4％±15 个字。

分辨力:1 μV。

输入阻抗:输入电阻≥10 MΩ;输入电容≤35 pF。

最大输入电压:500 V(DC＋AC$_{PP}$)。

输出电压:1V±2％(1 kHz 为基准,满量程的±0.5％±2 个字输入时)。

电源电压:交流 220 V ±10％,50 Hz±4％。

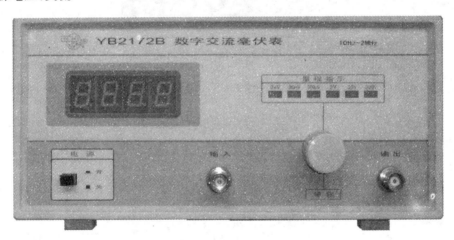

图 2 - 6 - 3　YB2172B 数字交流毫伏表

3. 使用方法

(1)打开电源,预热 5 min。

(2)将量程旋钮调至最大量程处(在最大量程处时,量程指示灯"400 V"应亮)。

(3)接入被测信号。

(4)调节量程旋钮,使表头正确地显示被测电压。

(5)将交流毫伏表的输出用探头送入示波器的输入端,当数字面板表满量程(±0.5％±2 个字)显示时,其输出应满足指标。

(6)在测量时,如果被测输入信号的幅度超过满量程的 14％左右时,数码显示会自动闪烁,此时,应增大量程,使仪器处于合适的量程,以确保仪器测量的准确性。

五、SH1911D 数字交流毫伏表

SH1911D 数字交流毫伏表的面板如图 2 - 6 - 4 所示。其原理、功能、操作方法和 YB2172B 数字交流毫伏表大同小异,只不过它一台仪器容纳了两套毫伏表,因此,具有两个输入端口,使用时通过面板上的开关切换进行显示和测量。这里不再重述。

图 2 - 6 - 4　SH1911D 数字交流毫伏表

实验成绩登记表

序　号	实　验　名　称	实验老师	实验成绩
1	电路元件特性的伏安测量法		
2	叠加定理、齐次定理和互易定理		
3	电压源与电流源等效变换和等效电源定理		
4	电感线圈参数的测定		
5	测定同名端与互感系数 M		
6	功率因数的提高		
7	三相电路研究		
8	RLC 谐振实验		
9	RC 一阶电路的瞬态过程		
10	RLC 二阶电路的瞬态过程和状态轨迹		
11	运算放大器和受控源		
12	回转器		
13	RC 滤波器的幅频特性		
14	特勒根定理		
15	周期信号谐波分析		
16	黑箱子的测定（综合性实验）		
17	自行设计、搭接、调试、测试电路实验（综合性实验）		
18	常用电子仪器的使用		

学 生 必 读

1.学生每做一次实验都应自觉地书写实验报告。每做一次实验,老师会在学生实验报告上盖一个实验章。这既作为考勤,又作为学生做实验的依据。没有实验章的报告老师不会给分,因此,每次做实验学生应主动向老师索取实验章。

2.因故未做实验者应补做实验。不做实验不给实验成绩。不做实验写实验报告者扣分。

3.电路基础实验独立设课,共16学时,按百分制给分。每个实验2学时,共选做8个实验。每个实验打一次分,8个实验的得分总和就是实验总成绩,不考试。

4.电路基础实验打分标准和依据:

(1)做实验;

(2)按要求写实验报告;

(3)按时交实验报告;

(4)实验结果正确;

(5)实验报告书写整齐;

(6)无迟到和早退现象;

(7)无破坏课堂纪律现象。

满足以上几条者得满分。不满足者,酌情扣分。

5.如何写实验报告:

(1)实验原理简述;

(2)实验任务(实验内容);

(3)实验结果(数据、波形和图表);

(4)实验所用仪器和设备;

(5)实验结果分析。

6.实验报告要求:

(1)实验做完后,学生应及时写实验报告,交老师批改;

(2)实验报告编写要整齐;

(3)实验波形用坐标纸绘出;

(4)实验报告要保持整齐、美观,报告中所附纸片等应用胶水粘贴好,不应超出报告页面。

(5)各小班应将实验报告收齐、排序上缴。

(6)实验结束后,实验报告将在实验室保存,以备每年的教学检查。学生应主动在教材科买指定的实验指导书和实验报告册。不接受复印的或其他形式的实验报告册。

7.老师应及时批改学生所交实验报告。不批改者,学生有权向院方或校方有关部门反映,或在教学检查时反映。师生相互监督,以求共勉。

实验名称：   实验日期：

实验名称：   实验日期：

实验名：

图名称：

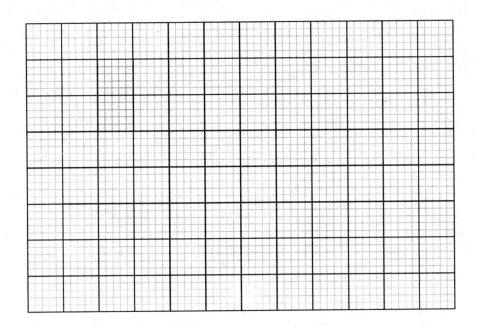

实验名：

图名称：

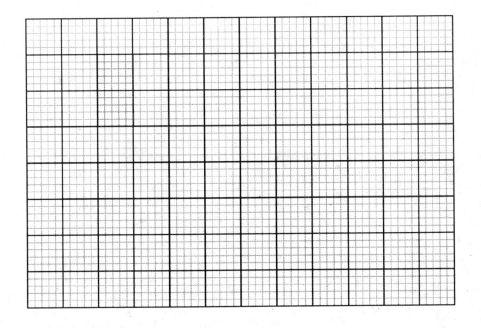

实验名称：   实验日期：

实验名称：　　　　　　　　　　　　　　　　　　　　　　实验日期：

实验名：

图名称：

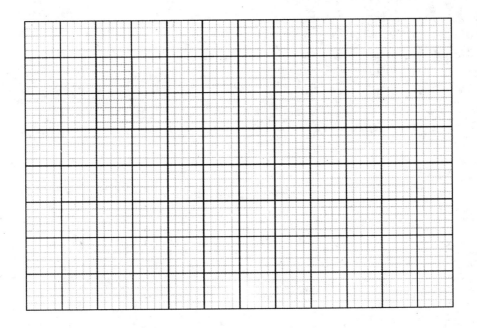

实验名：

图名称：

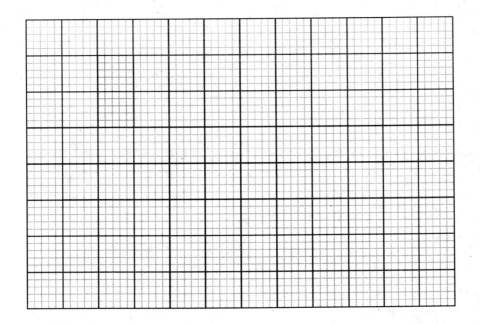

实验名称：   实验日期：

实验名称：   实验日期：

实验名：
图名称：

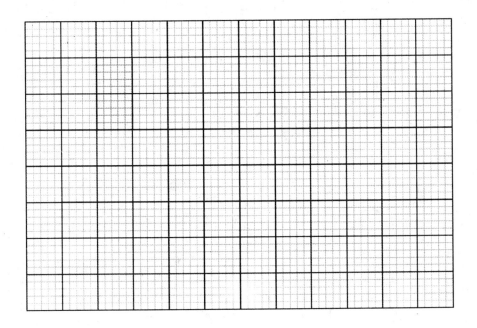

实验名：
图名称：

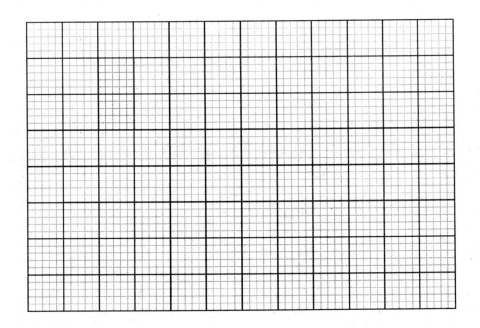

实验名称：   实验日期：

实验名称：   实验日期：

实验名：

图名称：

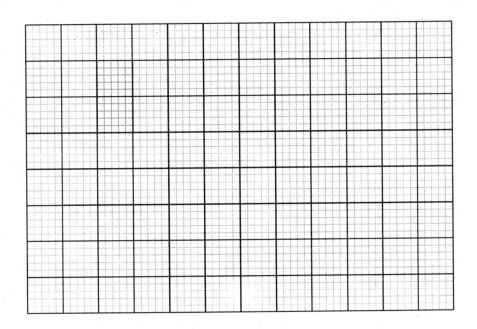

实验名：

图名称：

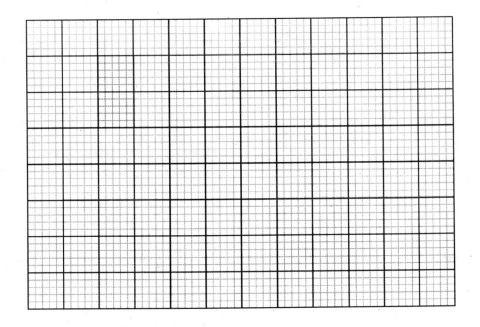

实验名称：   实验日期：

实验名称：   实验日期：

实验名：
图名称：

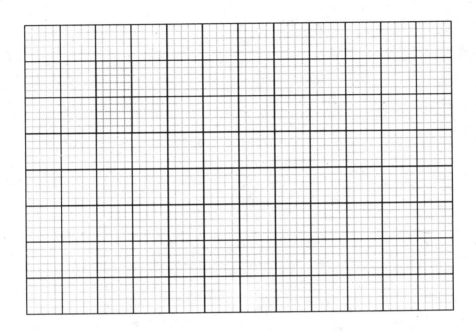

实验名：
图名称：

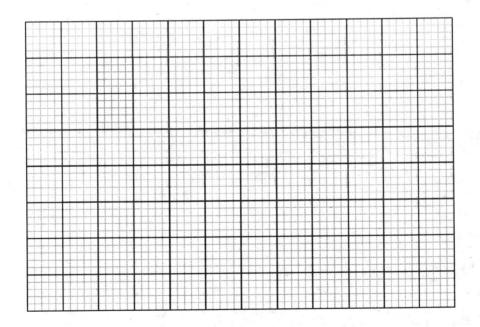

实验名称：   实验日期：

实验名称：   实验日期：

实验名：

图名称：

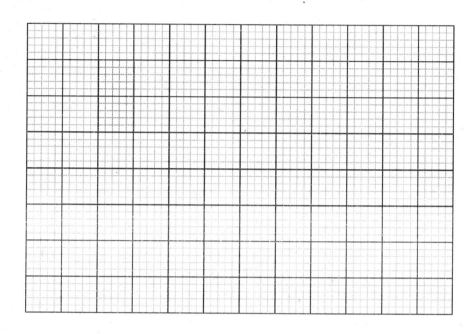

实验名：

图名称：

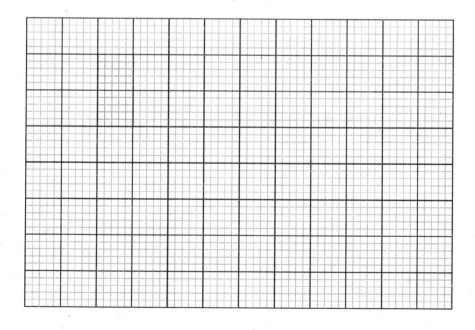

实验名称：   实验日期：

实验名称：   实验日期：

实验名：

图名称：

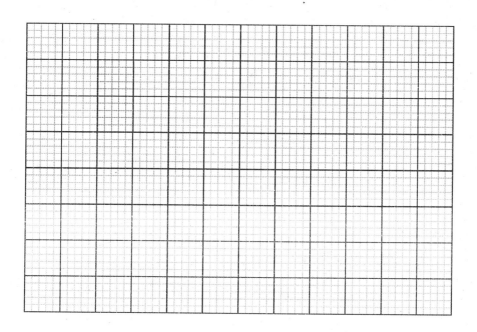

实验名：

图名称：

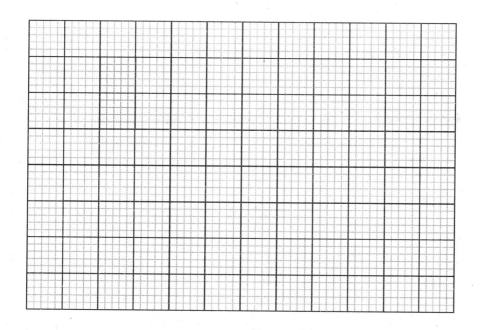

实验名称：   实验日期：

实验名称：   实验日期：

实验名：

图名称：

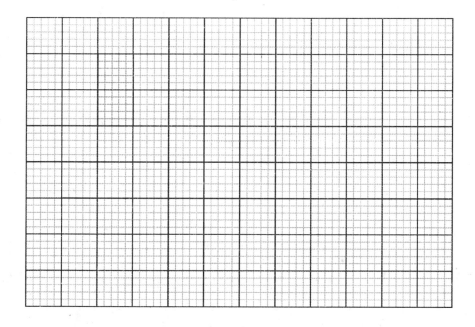

实验名：

图名称：

实验名称：   实验日期：

实验名称：   实验日期：

实验名：
图名称：

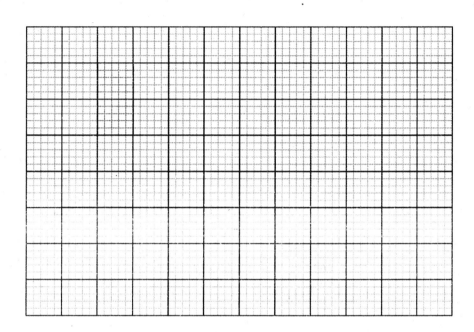

实验名：
图名称：

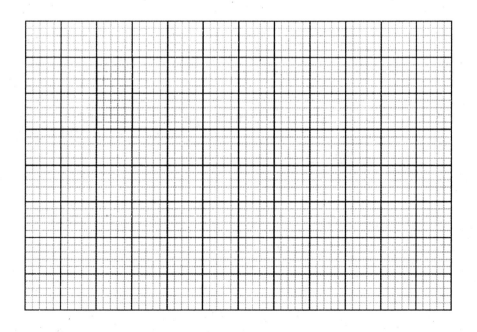

实验名称：   实验日期：

实验名称：   实验日期：

实验名：

图名称：

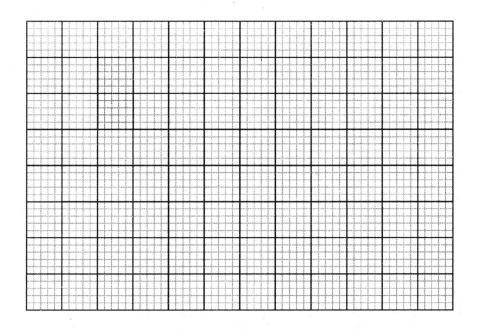

实验名：

图名称：